常用医疗物资国内外标准比对分析

医疗物资标准比对专家组　编著

中国质量标准出版传媒有限公司
中国标准出版社
北京

图书在版编目（CIP）数据

常用医疗物资国内外标准比对分析 / 医疗物资标准
比对专家组编著 . —北京：中国标准出版社，2021.12
ISBN 978-7-5066-9876-4

Ⅰ. ①常 …　Ⅱ. ①医 …　Ⅲ. ①医疗器械—技术标
准—对比研究—中国、国外 ②卫生设备—技术标准—
对比研究—中国、国外 ③卫生用具—技术标准—对比
研究—中国、国外　Ⅳ. ① TH77-65

中国版本图书馆 CIP 数据核字（2021）第 217058 号

中国质量标准出版传媒有限公司　出版发行
中 国 标 准 出 版 社
北京市朝阳区和平里西街甲 2 号（100029）
北京市西城区三里河北街 16 号（100045）
网址：www.spc.net.cn
总编室：（010）68533533　发行中心：（010）51780238
读者服务部：（010）68523946
中国标准出版社秦皇岛印刷厂印刷
各地新华书店经销
＊
开本 787×1092　1/16　印张 17　字数 248 千字
2021 年 12 月第 1 版　　2021 年 12 月第 1 次印刷
＊
定价：90.00 元

编委会名单

组织编写和审定单位：

国家市场监督管理总局（国家标准化管理委员会）

标准技术管理司、标准创新管理司

主要编写人员：

岳卫华　北京市医疗器械检验研究院

杨小兵　军事科学院防化研究院

李桂梅　中国产业用纺织品行业协会

杨文芬　中科国联劳动防护技术研究院（北京）有限公司

邓一志　中国化工株洲橡胶研究设计院有限公司

罗穆夏　北京市科学技术研究院城市安全与环境科学研究所

沈　瑾　中国疾病预防控制中心环境与健康相关产品安全所

王　伟　上海市医疗器械检验研究院

顾征宇　上海市医疗器械检验研究院

许　慧　山东省医疗器械和药品包装检验研究院

章　辉　纺织工业标准化研究所

张　庆　山东省医疗器械和药品包装检验研究院

参与编写人员：

刘克洋　北京市医疗器械检验研究院

黄景莹　中国产业用纺织品行业协会

金郡潮　杜邦（中国）研发管理有限公司

张晓环　杜邦（中国）研发管理有限公司

姚海峰　梅思安（中国）安全设备有限公司

郭识君　中国化工株洲橡胶研究设计院有限公司

郑三阳　国家乳胶制品质量监督检验中心

徐　明　北京市科学技术研究院城市安全与环境科学研究所

欧泽兵　3M 中国有限公司

李　炎　中国疾病预防控制中心环境与健康相关产品安全所

王妍彦　中国疾病预防控制中心环境与健康相关产品安全所

徐　燕　江苏省疾病预防控制中心

吴晓松　江苏省疾病预防控制中心

蒋瑞靓　上海市安全生产科学研究所

赵光明　霍尼韦尔自动化控制（中国）有限公司

杨　光　军事科学院防化研究院

潘宏杰　军事科学院防化研究院

张天祥　纺织工业标准化研究所

刘飞飞　纺织工业标准化研究所

前　言

为促进国内外医疗物资供需有效衔接，保障医疗物资供应链，助力企业复工复产，帮助医疗物资有序商业出口，根据市场监管总局标准技术司"疫情防控医疗物资国内外标准比对分析项目"要求，中国质量标准出版传媒有限公司（中国标准出版社）会同北京市医疗器械检测所、军事科学院防化研究院、中国产业用纺织品行业协会等单位，共31位专家，针对口罩、防护服、手套、护目镜、消毒剂、呼吸机、测温仪、医用手术衣、防护帽、基础纺织材料10大类重点产品，开展中外标准比对和分析。该项目共收集、翻译、整理并比较了中国标准与日本、韩国、俄罗斯、印度、美国、澳大利亚、欧盟、巴西8个国家和地区的标准共计近300项，比对了各类医疗物资产品的主要指标参数，分析了不同国家和地区的产品标准指标技术差异。本书系根据项目情况编撰整理而成，汇集了项目的各项研究成果。

参加本书各项医疗物资标准比对[①]的专家组成员及主要撰稿人员如下。

口罩标准：岳卫华、杨小兵、李桂梅、刘克洋、黄景莹、潘宏杰。

防护服标准：杨文芬、罗穆夏、岳卫华、金郡潮、张晓环、姚海峰、刘克洋。

医用手套标准：邓一志、郭识君、郑三阳。

职业用眼面防护具标准：罗穆夏、徐明、欧泽兵。

消毒剂标准：沈瑾、李炎、王妍彦、徐燕、吴晓松。

呼吸机标准：王伟。

测温仪标准：顾征宇。

隔离衣、手术衣标准：许慧。

防护鞋靴、防护帽标准：杨小兵、蒋瑞靓、赵光明、杨光。

基础纺织材料标准：章辉、张天祥、刘飞飞、张庆。

本书适用于防疫医疗物资生产和出口企业、相关监管机构技术人员，以及从事防疫医疗物资标准研究工作相关人员等。

由于时间仓促，收集资料范围有限，本书在编写中难免存在疏漏和不足之处，恳切希望广大读者积极提出宝贵意见。

医疗物资标准比对专家组

2021 年 11 月

---

① 本书各项医疗物资标准比对产品分类与"疫情防控医疗物资国内外标准比对分析项目"中 10 大类重点产品略有不同。

目　录

第一章　中国与日本相关标准比对分析

第一节　口罩

常用医疗物资国内外标准比对分析专家组（以下简称"专家组"）收集、汇总并比对了中国与日本防护口罩标准共4项，其中：中国标准3项，日本标准1项。具体比对分析情况如下。

日本防护口罩产品主要执行《颗粒物防护口罩》（JIS T 8151：2018）；我国与日本类似的标准为针对医用防护、颗粒物防护和民用防护制定的《医用防护口罩技术要求》（GB 19083—2010）、《呼吸防护　自吸过滤式防颗粒物呼吸器》（GB 2626—2019）和《日常防护型口罩技术规范》（GB/T 32610—2016）；主要针对过滤性能指标、呼吸阻力指标、泄漏率指标进行了比对分析，详见表1-1-1～表1-1-3。

表1-1-1　医用防护、颗粒物防护和民用防护口罩中日标准比对——过滤性能指标

国家	标准号		过滤效率			测试流量	加载与否
中国	GB 19083—2010	非油性颗粒物	1级≥95%	2级≥99%	3级≥99.97%	85 L/min	否
	GB 2626—2019	KN非油性颗粒物	KN90 ≥90%	KN95 ≥95%	KN100 ≥99.97%	85 L/min	是
		KP油性颗粒物	KP90 ≥90%	KP95 ≥95%	KP100 ≥99.97%	85 L/min	是
	GB/T 32610—2016	油性和非油性颗粒物	Ⅲ级：盐性≥90%；油性≥80%	Ⅱ级：盐性≥95%；油性≥95%	Ⅰ级：盐性≥99%；油性≥99%	85 L/min	是
日本	JIS T 8151：2018	DS/RS非油性颗粒物	DS/RS1 ≥80%	DS/RS2 ≥95%	DS/RS3 ≥99.9%	85 L/min	是
		DL/RL油性颗粒物	DL/RL1 ≥80%	DL/RL2 ≥95%	DL/RL3 ≥99.9%	85 L/min	是
差异分析	中国标准和日本标准过滤效率、测试流量条件一致。滤料级别上，中国医用防护口罩、颗粒物防护口罩、民用防护口罩分级与日本标准分级不同						

表1-1-2 医用防护、颗粒物防护和民用防护口罩中日标准比对——呼吸阻力指标

国家	标准号	吸气阻力	呼气阻力
中国	GB 19083—2010	吸气阻力≤343.2Pa（85L/min）	—
中国	GB 2626—2019	随弃式面罩（无呼气阀），85L/min：KN90/KP90 ≤170Pa；KN95/KP95 ≤210Pa；KN100/KP100 ≤250Pa。随弃式面罩（有呼气阀），85L/min：KN90/KP90 ≤210Pa；KN95/KP95 ≤250Pa；KN100/KP100 ≤300Pa。可更换半面罩和全面罩，85L/min：KN90/KP90 ≤250Pa；KN95/KP95 ≤300Pa；KN100/KP100 ≤350Pa	随弃式面罩（无呼气阀），85L/min：KN90/KP90 ≤170Pa；KN95/KP95 ≤210Pa；KN100/KP100 ≤250Pa。随弃式面罩（有呼气阀），85L/min：≤150Pa。可更换半面罩和全面罩，85L/min：≤150Pa
中国	GB/T 32610—2016	吸气175Pa，85L/min	呼气145Pa，85L/min
日本	JIS T 8151：2018	随弃式，40L/min：有呼气阀 DL1/DS1≤60Pa，DL2/DS2≤70Pa，DL3/DS3≤150Pa；无呼气阀 DL1/DS1≤45Pa，DL2/DS2≤50Pa，DL3/DS3≤100Pa。可更换式，40L/min：有吸气辅助装置 ≤160Pa；无吸气辅助装置 RL1/RS1≤70Pa，RL2/RS2≤80Pa，RL3/RS3≤160Pa	随弃式，40L/min：有呼气阀 DL1/DS1≤60Pa，DL2/DS2≤70Pa，DL3/DS3≤80Pa；无呼气阀 DL1/DS1≤45Pa，DL2/DS2≤50Pa，DL3/DS3≤100Pa。可更换式，40L/min：有吸气辅助装置 ≤80Pa；无吸气辅助装置 RL1/RS1≤70Pa，RL2/RS2≤70Pa，RL3/RS3≤80Pa
差异分析		日本防护口罩标准的呼吸阻力测试流量为40L/min。中国工业及民用防护口罩标准的呼吸阻力均在85L/min流量下测试，颗粒物防护口罩呼吸阻力进行了差异化要求，民用防护口罩该指标没有差异要求。	

表1-1-3 医用防护、颗粒物防护和民用防护口罩中日标准比对——泄漏率/防护效果指标

国家	标准号	泄漏率/防护效果					
中国	GB 19083—2010	用总适合因数进行评价。选10名试者，作6个规定动作，应至少有8名受者者总适合因数≥100					
	GB 2626—2019	泄漏率	50个动作至少有46个动作的泄漏率			10个受试者中至少8个人的泄漏率	
			随弃式	可更换式半面罩	全面罩（每个动作）	随弃式	可更换式半面罩
		KN90/KP90	<13%	<5%	<0.05%	<10%	<2%
		KN95/KP95	<11%	<5%	<0.05%	<8%	<2%
		KN100/KP100	<5%	<5%	<0.05%	<2%	<2%
	GB/T 32610—2016	头模测试防护效果：A级：≥90%；B级：≥85%；C级：≥75%；D级：≥65%					
日本	JIS T 8151：2018	该标准未提及，在《呼吸防护口罩漏泄率试验方法》（JIS T 8159：2006）中有总泄漏率测试方法，并进行分级					
		等级	全面罩			半面罩	
		AAA	AAA <0.03%			—	
		AA	0.03%≤AA <0.1%			—	
		A	0.1%≤A <0.3%			A <0.3%	
		B	0.3%≤B <1%			0.3%≤B <1%	
		C	1%≤C <3%			1%≤C <3%	
		D	—			3%≤D <10%	
差异分析		日本JIS T 8151标准中对于泄漏率没有量化要求，但是在JIS T 8159：2006中给出了了总泄漏率测试方法及分级标准。中国颗粒物防护口罩标准根据产品过滤效率级别不同，测试的是总泄漏率，指标进行了差异化区分；民用防护口罩标准采用的是呼吸模拟器加头模拟器的测试方法，测试的是防护效果；医用防护口罩标准用总适合因数进行密合性检测。中国的三个标准测试方法不同，各具特色					

第二节 防护服

专家组收集、汇总并比对了中国与日本防护服标准26项，其中：中国标准23项，日本标准3项。具体比对分析情况如下。

一、医用防护服

我国医用防护服标准执行《医用一次性防护服技术要求》（GB 19082—2009）。日本标准为《生物危险物质防护服》（JIS T 8122：2015）。主要从机械性能、阻隔性能（包括液体阻隔性能和防传染性物质性能）、其他性能（包括舒适性、生物相容性、微生物指标、抗静电及静电衰减、阻燃和落絮）三个方面对中日标准进行了差异性比对，详见表1-2-1～表1-2-3。

二、职业用化学防护服

目前，我国个体防护服装类标准共22项。职业用化学防护服主要选取了《防护服装　化学防护服通用技术要求》（GB 24539—2009）[①]与日本2项相关标准《化学防护服》（JIS T 8115：2015）和《固态颗粒物防护服　第1部分：全身防气溶胶颗粒用化学防护服的性能要求》（JIS T 8124-1：2010）进行比对分析，详见表1-2-4～表1-2-21。

表1-2-1　医用防护服中日标准比对——机械性能

国家	标准号	断裂强力	耐磨性	耐穿刺／刺穿	撕破强力	抗破裂强度	耐屈挠性
中国	GB 19082—2009	关键部位材料≥45N；断裂伸长率≥15%（非强制）	—	—	—	—	—
日本	JIS T 8122：2015	无明确指标要求，但有相应测试方法标准，需满足双方协议的要求					
差异分析	日本标准规定物理性能方面可任意选择，但按照标准中指定的方法进行测试时，应满足交付双方达成协议的性能要求						

---

① 本项目比对时，现行标准为GB 24539—2009。目前，我国已发布《防护服装　化学防护服》（GB 24539—2021），将于2022年9月1日实施。

表 1-2-2 医用防护服中日标准比对——阻隔性能

国家	标准号	液体阻隔性能				阻传染性物质性能			颗粒过滤效率
		抗渗水性	表面抗湿	抗合成血穿透	抗噬菌体穿透	阻干态微生物	阻湿态微生物	阻微生物气溶胶	
中国	GB 19082—2009	关键部位静水压不低于 1.67kPa（17cmH₂O）	外侧沾水不低于 3 级（试样表面喷淋点处润湿，ISO 4920）	至少 2 级（1.75kPa），共 6 级（最高 20kPa）	—	—	—	—	关键部位及接缝处对非油性颗粒物应不小于 70%
日本	JIS T 8122: 2015	渗透指数（Ip）用合成血液，测试方法 JIS T 8033（类似于 ISO 6530）1 级 30<Ip<50；2 级 20<Ip<30；3 级 10<Ip<20；4 级 2<Ip<10；5 级 1<Ip<2；6 级 Ip<1；此外，根据防护服类型还进行整装耐喷洒、喷射、喷雾渗透测试	—	1 级 0kPa；2 级 1.75kPa；3 级 3.5kPa；4 级 7kPa；5 级 14kPa；6 级 20kPa；测试方法 JIS T 8060（ISO 16603 MOD）	1 级 0kPa；2 级 1.75kPa；3 级 3.5kPa；4 级 7kPa；5 级 14kPa；6 级 20kPa；测试方法 JIS T 8061（ISO 16604 MOD）	—	—	—	分为气密服、正压服和密闭服（液体防护、喷洒防护、浮游固体粉尘防护和气体防护），浮游固体粉尘防护服测试颗粒向内泄漏率（测试方法 JIS T 8124-2）
差异分析		液体阻隔性能方面，中国标准与日本标准相比，中国标准中既有材料要求又有整装要求，液体阻隔性能测试方法、抗渗水性用渗透指数评估分级、表面抗湿方法及分级标准与中国相当；阻传染性物质性能方面，日本标准用噬菌体穿透测试分级，中国标准目前采用颗粒过滤效率（PFE）试验代替微生物阻隔试验，测试方法完全不同							

表 1-2-3 医用防护服中日标准比对——其他性能

国家	标准号	舒适性指标	生物相容性	微生物指标	抗静电及静电衰减	阻燃性能	落絮
中国	GB 19082—2009	≥2500 g/(m²·d)	原发性刺激计分不超过1（方法 GB/T 16886.10—2005 等同 ISO 10993-10：2002）	灭菌防护服应无菌；否则应满足：细菌菌落总数≤200CFU/g，真菌总数≤100CFU/g，大肠菌群、绿脓杆菌、金黄色葡萄球菌、溶血性链球菌不得检出	带电量≤0.6μC/件；静电衰减时间≤0.5s	损毁长度≤200mm；续燃时间≤15s；阴燃时间≤10s	—
日本	JIS T 8122：2015	—	—	—	—	—	—
差异分析	日本标准对舒适性、生物相容性、微生物、阻燃性能等指标均无要求。						

表 1-2-4 职业用化学防护服（气密型防护服）中日标准比对——物理机械性能

国家	标准号/产品类别	耐磨损性能	耐屈挠破坏性能	低温（-30℃）耐屈挠破坏性能（可选）	撕破强力	断裂强力	抗刺穿性能	接缝强力	顶破强力	耐低温耐高温性能
中国	GB 24539—2009 气密型防护服 1-ET	≥3级（>500圈）	有限次使用 ≥1级（>1000次）重复使用 ≥4级（>15000次）	—	≥3级（>40N）	有限次使用 ≥3级（>100N）重复使用 ≥4级（>250N）	≥3级（>50N）	≥5级（>300N）	—	面料经70℃或-40℃预处理8h后，断裂强力下降≤30%
日本	JIS T 8115：2015 气密型 Type 1	≥3级（>500圈）	有限次使用 ≥1级（>1000次）重复使用 ≥4级（>15000次）	≥2级（>200次）	≥3级（>40N）	有限次使用 ≥3级（>100N）重复使用 ≥4级（>250N）	≥2级（>10N）	≥5级（>300N）	≥1级（>40kPa）	—
差异分析	中国标准与日本标准指标设置相似，要求各有高低，测试方法有差异。日本标准中，低温（-30℃）耐屈挠破坏性能为可选项。中国标准规定了面料耐低温耐高温性能，日本标准没有此要求。日本标准有顶破强力的要求，中国标准没有此要求。									

表 1-2-5　职业用化学防护服（气密型防护服）中日标准比对——面料阻隔性

国家	标准号/产品类别	渗透性能	液体耐压穿透性能	接缝渗透性能	接缝液体耐压穿透性能
中国	GB 24539—2009 气密型防护服 1-ET（应急救援响应队用）	测试 15 种气态和液态化学品的渗透性能，每种化学品渗透性能≥透性能≥3 级（>60min）	从 15 种气态和液态化学品中至少选 3 种液态化学品进行测试，耐压穿透性能≥1 级（>3.5kPa）	测试全部 15 种气态和液态化学品，至少其中 1 种渗透性能≥3 级（>60min），高毒性的化学品，应该采用较低累计渗透量的突破时间作为判断标准	从 15 种气态和液态化学品中至少选 3 种液态化学品进行测试，耐压穿透性能≥1 级（>3.5kPa）
日本	JIS T 8115：2015 气密型 Type 1	测试全部 15 种气态和液态化学品，至少其中 1 种渗透性能≥3 级（>60min），高毒性的化学品，应该采用较低累计渗透量的突破时间作为判断标准	—	—	—
差异分析	中国标准对渗透性能和接缝渗透性能要求更严格，要求测试的化学品数量更多，中国标准渗透性能测试方法与日本标准不同。中国标准有耐压穿透性能要求，日本标准没有。				

表 1-2-6　职业用化学防护服（气密型防护服）中日标准比对——整体阻隔性

国家	标准号/产品类别	气密性		液体泄漏性能	向内泄漏率
中国	GB 24539—2009 气密型防护服 1-ET	向衣服内通气至压力 1.29kPa，保持 1min，调节压力至 1.02kPa，保持 4min，压力下降不超过 20%		Shower 喷淋测试，60min 无穿透	—
日本	JIS T 8115：2015 1 型（气密型）包括 1a（空气呼吸器内置）、1b（空气呼吸器外置）、1c（长管供气）	气密性测试方法 A 与 B 二选一		—	1a、1b（目镜与服装一体）无要求；1b（全面罩与服装分体）漏率≤0.05%；1c，向内泄漏率≤0.05%
		气密性（方法 A）：向衣服内通气至压力 1.250kPa，保持 1min，调节压力至 1.000kPa，保持 4min，压力下降不超过 20%	气密性（方法 B）：向衣服内通气至压力 1.750kPa，保持 10min，调节压力至 1.650kPa，保持 6min，压力下降不超过 20%		
差异分析	中国标准和日本标准都要求测试气密性，但在技术要求和测试方法上不同，且中国标准只有一种气密性测试方法，日本标准有向内泄漏性能要求，中国标准没有。中国标准有液体泄漏性能要求，日本标准没有。日本标准气密性测试方法二选一。				

表1-2-7 职业用化学防护服（非气密型防护服）中日标准比对——物理机械性能

国家	标准号/产品类别	耐磨损性能	耐屈挠破坏性能	低温（-30℃）耐屈挠破坏性能（可选）	撕破强力	断裂强力	抗刺穿性能	接缝强力	顶破强力	耐低温耐高温性能
中国	GB 24539—2009 非气密型防护服 2-ET	≥3级（>500圈）	有限次使用 ≥1级（>1000次）	—	≥3级（>40N）	有限次使用 ≥3级（>100N）	≥2级（>10N）	≥5级（>300N）	—	面料经70℃或-40℃预处理8h后，断裂强力下降≤30%
			重复使用 ≥4级（>15000次）			重复使用 ≥4级（>250N）				
日本	JIS T 8115：2015 非气密型 Type 2	≥3级（>500圈）	有限次使用 ≥1级（>1000次）	≥2级（>200次）	≥3级（>40N）	有限次使用 ≥3级（>100N）	≥2级（>10N）	≥5级（>300N）	≥1级（>40kPa）	—
			重复使用 ≥4级（>15000次）			重复使用 ≥4级（>250N）				
差异分析	中国标准与日本标准指标设置相似，要求各有高低，测试方法有差异。中国标准规定了耐低温耐高温性能，日本标准中，低温（-30℃）耐屈挠破坏性能，中国标准没有此要求。日本标准有顶破强力的要求，中国标准有顶破破坏性能为可选项。									

表1-2-8 职业用化学防护服（非气密型防护服）中日标准比对——面料阻隔性

国家	标准号/产品类别	渗透性能	液体耐压穿透性能	接缝渗透性能	接缝液体耐压穿透性能
中国	GB 24539—2009 非气密型防护服 2-ET	测试12种液态化学品的渗透性能，每种化学品渗透性能≥3级（>60min）	从15种气态和液态化学品中至少选3种液态化学品进行测试，耐压穿透性能≥1级（>3.5kPa）	测试12种液态化学品的渗透性能，每种化学品渗透性能≥3级（>60min）	从15种气态和液态化学品中至少选3种液态化学品进行测试，耐压穿透性能≥1级（>3.5kPa）
日本	JIS T 8115: 2015 非气密型 Type 2	测试全部15种气态和液态化学品，至少其中1种渗透性能≥3级（>60min），高毒性的化学品，应该采用较低累计渗透量的突破时间作为判断标准	—	测试全部15种气态和液态化学品，至少其中1种渗透性能≥3级（>60min），高毒性的化学品，应该采用较低累计渗透量的突破时间作为判断标准	—
差异分析	中国标准对渗透性能和接缝渗透性能比日本标准要求严格，要求测试的化学品数量更多。中国标准渗透测试方法和日本标准不同。中国标准有耐压穿透性能要求，日本标准没有				

表1-2-9 职业用化学防护服（非气密型防护服）中日标准比对——整体阻隔性能

国家	标准号/产品类别	液体泄漏性能	向内泄漏率
中国	GB 24539—2009 非气密型防护服 2-ET	Shower 喷淋测试，20min 无穿透	向内泄漏率≤0.05%
日本	JIS T 8115: 2015 非气密型防护服 Type 2	—	—
差异分析	中国标准有液体泄漏性能要求，日本标准有向内泄漏率性能要求		

表1-2-10 职业用化学防护服（喷射液密型防护服）中日标准比对——物理机械性能

国家	标准号/产品类别	耐磨损性能	耐屈挠破坏性能	低温（-30℃）耐屈挠破坏性能（可选）	撕破强力	断裂强力	抗刺穿性能	接缝强力	顶破强力	耐低温耐高温性能
中国	GB 24539—2009 喷射液密型防护服 3a	≥3级（>500圈）	≥1级（>1000次）	—	≥1级（>10N）	≥1级（>30N）	≥1级（>5N）	≥1级（>30N）	—	面料经70℃或-40℃预处理8h后，断裂强力下降≤30%
	GB 24539—2009 喷射液密型防护服 3a-ET	≥3级（>500圈）	≥1级（>1000次）	—	≥1级（>10N）	≥1级（>30N）	≥1级（>5N）	≥1级（>30N）	—	面料经70℃或-40℃预处理8h后，断裂强力下降≤30%
日本	JIS T 8115：2015 喷射液密型 Type 3	≥1级（>10圈）	≥1级（>1000次）	≥1级（>100次）	≥1级（>10N）	≥1级（>30N）	≥1级（>5N）	≥1级（>30N）	≥1级（>40kPa）	—
差异分析	中国标准与日本标准指标设置相似，相同项目上的指标要求基本相同，测试方法有差异。中国标准规定了耐低温耐高温性能，日本标准中，低温（-30℃）耐屈挠破坏性能为可选项。日本标准有顶破强度的要求，中国标准没有此要求									

表 1-2-11　职业用化学防护服（喷射液密型防护服）中日标准比对——面料阻隔性

国家	标准号/产品类别	渗透性能	液体耐压穿透性能	接缝渗透性能	接缝液体耐压穿透性能
中国	GB 24539—2009 喷射液密型防护服 3a-ET（应急救援响应队用）	从 15 种气态和液态化学品中至少选择 1 种液态化学品进行测试，渗透性能≥3 级（＞60min）	从 15 种气态和液态化学品中至少选 3 种进行试验，耐压穿透性能≥1 级（＞3.5kPa）	从 15 种气态和液态化学品中至少选择 1 种液态化学品进行测试，渗透性能≥3 级（＞60min）	从 15 种气态和液态化学品中至少选 1 种进行试验，耐压穿透性能≥1 级（＞3.5kPa）
中国	GB 24539—2009 喷射液密型防护服 3a	从 15 种气态和液态化学品中至少选至 1 种液态化学品的渗透性能≥3 级（＞60min）	从 15 种气态和液态化学品中至少选 3 种进行试验，耐压穿透性能≥1 级（＞3.5kPa）	—	从 15 种气态和液态化学品中至少选 1 种进行试验，耐压穿透性能≥1 级（＞3.5kPa）
日本	JIS T 8115: 2015 喷射液密型 Type 3	测试全部 15 种气态和液态化学品，至少其中 1 种渗透性能≥3 级（＞60min），高毒性的化学品，应该采用较低累计渗透量的突破时间作为判断标准	—	测试全部 15 种气态和液态化学品，至少其中 1 种渗透性能≥3 级（＞60min），高毒性的化学品，应该采用较低累计渗透量的突破时间作为判断标准	—
差异分析	中国标准和日本标准对渗透性能要求数值基本相同，测试方法及化学品选择有所差异。中国标准有液体耐压穿透性能要求，日本标准没有				

表 1-2-12 职业用化学防护服（喷射液密型防护服）中日标准比对——整体阻隔性能

国家	标准号/产品类别	喷射测试性能
中国	GB 24539—2009 喷射液密型防护服 3a-ET（应急救援响应队用）	液体表面张力 0.032N/m±0.002N/m，喷射压力 150kPa，沾污面积小于标准沾污面积3倍
	GB 24539—2009 喷射液密型防护服 3a	液体表面张力 0.032N/m±0.002N/m，喷射压力 150kPa，沾污面积小于标准沾污面积3倍
日本	JIS T 8115: 2015 喷射液密型 Type 3	液体表面张力 0.030N/m±0.005N/m，喷射压力 150kPa，沾污面积小于标准沾污面积3倍
差异分析	喷射液密型防护服整体阻隔性能中国标准和日本标准整体阻隔性能要求基本相同	

表 1-2-13 职业用化学防护服（泼溅液密型防护服）中日标准比对——物理机械性能

国家	标准号/产品类别	耐磨损性能	耐屈挠破坏性能	低温（-30℃）耐屈挠破坏性能（可选）	撕破强力	断裂强力	抗刺穿性能	接缝强力	顶破强力	耐低温耐高温性能
中国	GB 24539—2009 泼溅液密型防护服 3b	≥1级（>10圈）	≥1级（>1000次）	—	≥1级（>10N）	≥1级（>30N）	≥1级（>5N）	≥1级（>30N）	—	面料经 70℃或 -40℃预处理 8h 后，断裂强力下降≤30%
日本	JIS T 8115: 2015 泼溅液密型 Type 4	≥1级（>10圈）	≥1级（>1000次）	≥1级（>100次）	≥1级（>10N）	≥1级（>30N）	≥1级（>5N）	≥1级（>30N）	≥1级（>40kPa）	—
差异分析	中国标准与日本标准指标设置相似，相同项目上的指标要求基本相同，测试方法存有差异。中国标准规定了耐低温耐高温性能，日本标准中、低温（-30℃）耐屈挠破坏性能为可选项。日本标准有顶破强度的要求，中国标准没有此要求。									

表1-2-14　职业用化学防护服（泼溅液密型防护服）中日标准比对——面料阻隔性

国家	标准号/产品类别	渗透性能	耐压穿透性能	接缝渗透性能	液体耐压穿透性能	接缝耐压穿透性能	拒液性能
中国	GB 24539—2009 泼溅液密型防护服 3b型	从15种气态和液态化学品中至少选1种进行测试，渗透性能≥1级（>10min）	—	—	—	从15种气态和液态化学品中至少选1种进行试验，耐压穿透性能≥1级（>3.5kPa）	拒液指数≥1级（>80%）；穿透指数≥1级（<10%）4种规定化学品中至少1种
日本	JIS T 8115：2015 泼溅液密型 Type 3	耐压穿透与渗透测试二选一 制造商选择的至少1种化学品，渗透性能≥1级（>10min）	耐压穿透与渗透测试二选一 15种化学品中至少选择3种进行测试，耐压穿透级≥3级（14kPa）	耐压穿透与渗透测试二选一 制造商选择1种化学品，渗透性能≥1级（>10min）	15种化学品中至少选择3种进行测试，耐压穿透级≥3级（14kPa）	15种化学品中至少选择3种进行测试，耐压穿透级≥3级（14kPa）	—
差异分析	中国标准与日本标准指标设置相似，指标要求各有差异。日本标准接缝耐压穿透和耐压穿透性能二选一，测试方法如渗透时间分级判定上有差异。中国标准规定了面料液体耐压穿透性能。中国标准要求接缝液体耐压穿透性能，日本标准没有这项要求						

表1-2-15　职业用化学防护服（泼溅液密型防护服）中日标准比对——整体阻隔性能

国家	标准号/产品类别	泼溅测试
中国	GB 24539—2009 泼溅液密型防护服 3b型	液体表面张力 0.032N/m±0.002N/m，喷射压力 300kPa，流量：1.14L/min，测试时间：1min，沾污面积小于标准沾污面积3倍
日本	JIS T 8115：2015 泼溅液密型 Type 4	液体表面张力 0.030N/m±0.005N/m，喷射压力 300kPa，流量 1.14L/min，测试时间：1min，沾污面积小于标准沾污面积3倍
差异分析	中国标准和日本标准整体阻隔性能要求基本相同	

表1-2-16　职业用化学防护服（有限泼溅液密型防护服）中日标准比对——物理机械性能

国家	标准号/产品类别	耐磨损性能	耐屈挠破坏性能	低温耐屈挠破坏性能（可选）（-30℃）	撕破强力	断裂强力	抗刺穿性能	接缝强力	顶破强力
中国	无	—	—	—	—	—	—	—	—
日本	JIS T 8115：2015 有限泼溅防护服 Type 6	≥1级（>10圈）	≥1级（>1000次）	≥1级（>100次）	≥1级（>10N）	≥1级（>30N）	≥1级（>5N）	≥1级（>30N）	≥1级（>40kPa）
差异分析	中国标准中有此类型防护服								

表1-2-17　职业用化学防护服（有限泼溅液密型防护服）中日标准比对——面料阻隔性能

国家	标准号/产品类别	拒液性能
中国	无	—
日本	JIS T 8115：2015 有限泼溅防护服 Type 6	拒液指数≥3级（>95%）穿透指数≥3级（<1%）4种规定化学品中至少1种
差异分析	中国标准中没有此类型防护服	

表1-2-18　职业用化学防护服（有限泼溅液密型防护服）中日标准比对——整体阻隔性能

国家	标准号/产品类别	有限泼溅测试
中国	无	
日本	JIS T 8115：2015 有限泼溅防护服 Type 6	液体表面张力0.0525N/m±0.007N/m，喷射压力300kPa，流量0.47L/min，测试时间1min，沾污面积小于标准沾污面积3倍
差异分析	中国标准中没有此类型防护服	

表 1-2-19　职业用化学防护服（颗粒物防护服）中日标准比对——物理机械性能

国家	标准号/产品类别	耐磨损性能	耐屈挠破坏性能	低温（-30℃）耐屈挠破坏性能（可选）	撕破强力	断裂强力	抗刺穿性能	接缝强力	顶破强力	耐低温耐高温性能
中国	GB 24539—2009 颗粒物防护服 4 型	≥1 级（>10 圈）	≥1 级（>1000 次）	—	≥1 级（>10N）	≥1 级（>30N）	≥1 级（>5N）	≥1 级（>30N）	—	面料经 70℃或 -40℃预处理 8h 后，断裂强力下降≤30%
日本	JIS T 8115：2015 颗粒物防护服 Type 5	≥1 级（>10 圈）	≥1 级（1000 次）	—	≥1 级（>10N）	—	≥1 级（>5N）	≥1 级（>30N）	—	—
差异分析	中国标准与日本标准指标设置相似，相同项目上的指标要求基本相同，测试方法有差异。中国标准规定了耐低温耐高温性能，日本标准没有此项要求。中国标准有断裂强力项要求，日本标准没有此要求									

表 1-2-20　职业用化学防护服（颗粒物防护服）中日标准比对——面料阻隔性

国家	标准号/产品类别	耐固体颗粒物穿透性能	耐静水压性能
中国	GB 24539—2009 颗粒物防护服 4 型	≥70%	面料的耐静水压≥1 级（>1.0kPa）耐磨测试后，下降率不得大于 50%
日本	JIS T 8115：2015 颗粒物防护服 Type 5（JIS T 8124-1：2010）		
差异分析	颗粒物防护服面料阻隔性中国标准要求面料有耐固体颗粒物穿透性能和耐静水压性能，日本标准没有		

表 1-2-21　职业用化学防护服（颗粒物防护服）中日标准比对——整体阻隔性能

国家	标准号 / 产品类别	整体颗粒向内泄漏测试
中国	GB 24539—2009 颗粒物防护服 4 型	L_{jmn}, 82/90≤30% L_{jmn}, 82/90≤30%； L_S, 8/10≤15% L_S, 8/10≤15% （GB/T 29511 2013《防护服装　固体颗粒物化学防护服》中给出）
日本	JIS T 8115：2015 颗粒物防护服 Type 5 （JIS T 8124-1：2010）	L_{jmn}, 82/90≤30% L_{jmn}, 82/90≤30%； L_S, 8/10≤15% L_S, 8/10≤15%
差异分析	中国标准和日本标准整体阻隔性能要求基本相同	

第三节　医用手套

专家组收集、汇总并比对了中国与日本医用手套相关标准 6 项，其中：中国标准 3 项，日本标准 3 项。具体比对分析情况如下。

一、一次性使用医用橡胶检查手套比对分析

中国执行《一次性使用医用橡胶检查手套》（GB 10213—2006），日本执行《一次性使用检查 / 诊疗用橡胶手套》（JIS T 9115：2018），相关技术指标要求比对情况详见表 1-3-1 和表 1-3-2。

二、一次性使用灭菌橡胶外科手套比对分析

中国执行《一次性使用灭菌橡胶外科手套》（GB 7543—2006），日本执行《一次性使用外科手术用橡胶手套》（JIS T 9107：2016），相关技术指标要求比对情况详见表 1-3-3。

三、一次性使用聚氯乙烯医用检查手套比对分析

中国执行《一次性使用聚氯乙烯医用检查手套》（GB 24786—2009），日本执行《一次性使用检查 / 诊疗用聚氯乙烯手套》（JIS T 9116：2018），相关技术指标要求比对情况详见表 1-3-4 和表 1-3-5。

表1-3-1　一次性使用医用橡胶检查手套中日标准比对——物理性能、灭菌和不透水性要求

国家	标准号	物理性能要求	灭菌	不透水性
中国	GB 10213—2006（等同采用ISO 11193-1：2002）	老化前扯断力：≥7.0N； 老化前拉断伸长率：1类≥650%；2类≥500%； 老化后扯断力：1类≥6.0N；2类≥7.0N； 老化后拉断伸长率：1类≥500%；2类≥400%； 老化条件：70℃±2℃，168h±2h	如果手套是灭菌的，应按要求标识手套灭菌处理的类型	不透水
日本	JIS T 9115：2018（修改采用ISO 11193-1：2008/Amd.1：2012）	老化前拉伸强度：1类≥21MPa；2类≥15MPa； 老化前拉断伸长率：1类≥700%；2类≥500%； 老化后拉伸强度：1类≥16MPa；2类≥11MPa； 老化后拉断伸长率：1类≥500%；2类≥450%； 老化条件：70℃±2℃，168h±2h	如果手套是灭菌的，应按日本厚生劳动省规定的灭菌认证标准	不透水
差异分析		中国标准对手套物理性能要求的要求表达与国际标准一致。 日本标准与中国标准的要求表达不一致，经换算，老化前，最小拉断伸长率要求（≥7.0N），均小于中国标准要求（≥7.0N），日本标准1类手套最小扯断力要求相当于6.72N，2类手套最小扯断力要求相当于4.8N，最小拉断伸长率要求（≥650%）较中国国标准要求（1类手套（≥650%），2类手套最小扯断力要求分别相当于5.12N、3.52N，小于中国国标准要求（1类≥6.0N；2类≥7.0N），2类手套最小拉断伸长率要求（≥450%）较中国国标准要求（≥400%）略高。 在全国内，国内的灭菌方法有两种，分别为γ-射线法和环氧乙烷法。日本标准规定灭菌应符合日本厚生劳动省要求。灭菌方法不一定相同。		

表 1-3-2 一次性使用医用橡胶检查手套中日标准比对——尺寸与公差

国家	标准号	尺寸代码	标称尺寸	标称宽度 （尺寸 w）/mm	宽度 （尺寸 w）/mm	最小长度 （尺寸 l）/mm	最小厚度 （手指位置测量）/mm	最大厚度 （大约在手掌的中心）/mm
中国	GB 10213—2006	6 及以下	特小（XS）	—	≤80	220	对所有尺寸： 光面：0.08； 麻面：0.11	对所有尺寸： 光面：2.00； 麻面：2.03
		6.5	小（S）	—	80±5	220		
		7	中（M）	—	85±5	230		
		7.5	中（M）	—	95±5	230		
		8	大（L）	—	100±5	230		
		8.5	大（L）	—	110±5	230		
		9 及以上	特大（XL）	—	≥110	230		
日本	JIS T 9115：2018	SS	—	—	70±10	230	对所有尺寸： 光面：0.08； 麻面：0.11	—
		S	—	—	80±10			
		M	—	—	95±10			
		L	—	—	110±10			
		LL	—	—	120±10			
差异 分析	中国标准采用了国际标准，日本标准在国际标准基础上对尺寸代码进行了修改，去除了标称尺寸的要求，对手套最大厚度没有规定，其他宽度要求基本与中国标准一致							

表1-3-3 一次性使用灭菌橡胶外科手套中日标准比对——应用场合

国家	标准号	应用场合
中国	GB 7543—2006（等同采用ISO 10282：2014）	用于外科操作中防止病人和使用者交叉感染、无菌包装的橡胶手套的技术要求。适用于穿戴一次然后丢弃的一次性使用手套。不适用于检查手套或一系列操作用手套。它包括具有光滑表面的手套和部分纹理或全部纹理的手套。橡胶外科手套性能和安全性。但外科手套的安全、正确使用和灭菌过程及随后的处理、包装和贮存过程不在本标准的范围之内
日本	JIS T 9107：2018（修改采用ISO 10282：2014）	用于外科操作中防止病人和使用者交叉感染、无菌包装的橡胶手套的技术要求。适用于穿戴一次然后丢弃的一次性使用手套。不适用于一系列操作用手套。它包括具有光滑表面的手套和部分纹理或全部纹理的手套。橡胶外科手套性能和安全性。但外科手套的安全、灭菌过程及随后的处理、贮存过程不在本标准的范围之内
差异分析	日本标准在国际标准基础上去除了"不适用于检查手套"，以及"使用方法、包装步骤不在本标准范围内"描述	

表1-3-4 一次性使用聚氯乙烯医用检查手套中日标准比对——物理性能、灭菌和不透水性要求

国家	标准号	物理性能	灭菌	不透水性
中国	GB 24786—2009（修改采用ISO 11193-2：2006）	老化前扯断力：≥4.8N；老化前拉伸长率：≥350%；老化条件：70℃±2℃，168h±2h；老化前后性能不变	如果手套是灭菌的，应按要求标识手套灭菌处理的类型	不透水
日本	JIS T 9116：2018（修改采用ISO 11193-2：2006）	老化前拉伸强度：≥8MPa；老化前拉断伸长率：≥300%；老化条件：70℃±2℃，72h±2h；老化前后性能不变	如果手套是灭菌的，应符合厚生劳动省灭菌认证标准或同等以上标准，保证无菌性	不透水
差异分析	中国修改采用国际标准ISO 11193.2：2006，将最小扯断力由7.0N修改为4.8N。日本标准与中国标准的要求表达不一致。日本标准经换算（拉伸强度与横截面积相乘为扯断力），取厚度为0.08mm样品，则扯断力要求相当于≥3.84N，低于中国标准要求（≥4.8N），因日本标准最小厚度要求（0.05mm）与中国标准（0.08mm）不同，最小扯断力无法比对。日本标准中老化条件（70℃±2℃，72h±2h）也低于中国标准（70℃±2℃，168h±2h）。国内的灭菌方法主要有两种，分别为γ-射线法和环氧乙烷法。日本标准规定灭菌应符合厚生劳动省灭菌认证标准的要求			

表1-3-5 一次性使用聚氯乙烯医用检查手套中日标准比对——尺寸与公差

国家	标准号	标称尺寸	尺寸代码	标称宽度（尺寸w）/mm	宽度（尺寸w）/mm 平手型	前指型	最小长度（尺寸l）/mm	最小厚度（手指位置测量）/mm	最大厚度（大约在手掌的中心）/mm
中国	GB 24786—2009	特小（X-S）	6及以下	≤80	≤82		220	对所有尺寸： 光面：0.08； 麻面：0.11	对所有尺寸： 光面：0.22； 麻面：0.23
		小（S）	6½	80±10	83±5		220		
		中（M）	7	95±10	89±5		230		
			7½		95±5		230		
		大（L）	8	110±5	102±6		230		
			8½		109±6		230		
		特大（X-L）	9及以上	≥110	≥110		230		
日本	JIS T 9116: 2018	SS	5	—	70±10	67±6	230	对所有尺寸： 光面：0.05； 麻面：0.08	—
			5½			72±6			
		S	6	—	85±10	77±6			
			6½			83±6			
		M	7	—	95±15	89±6			
			7½			95±6			
		L	8	—	100±15	102±6			
			8½			108±6			
		LL	9	—	110±15	114±6			

差异分析：中国标准采用了国际标准，日本标准在国际标准基础上对尺寸代码进行了修改，将手套分为平手型和前指型两类，对宽度要求不同，没有规定最大厚度，最小厚度要求（光面：0.05，麻面：0.08）低于中国标准要求（光面：0.08，麻面：0.11）

第四节 职业用眼面防护具

专家组收集、汇总并比对了中国与日本职业用眼面防护具标准共 2 项，其中：中国国家标准 1 项《个人用眼护具技术要求》（GB 14866—2006），日本标准 1 项《个人用眼护具》（JIS T 8147：2016）。

GB 14866—2006 适用于具有防冲击、防高速粒子冲击、防飞溅化学液滴等性能（不含红外、紫外等光学辐射防护）的各类个人用眼护具，也是疫情防护背景下最相关的眼面防护具标准；JIS T 8147：2016 适用于防止工人眼睛免受空气传播的灰尘、化学液滴、飞行物体等的伤害的眼护具（不包括用于遮光和屈光矫正的眼护具）。相关标准主要规定了眼护具的类型和符号、性能要求及其相应的试验方法。关键技术指标比对情况详见表 1-4-1～表 1-4-4。

表 1-4-1 职业用眼面防护具中日标准比对——镜片规格、外观、屈光度、棱镜度

国家	标准号	镜片规格	镜片外观质量	屈光度		棱镜度
中国	GB 14866—2006	a）单镜片： 长×宽尺寸不小于：105mm×50mm； b）双镜片： 圆形镜片的直径不小于 40mm； 成形镜片的水平基准长度×垂直高度尺寸不小于：30mm×25mm	镜片表面应光滑，无划痕、波纹、气泡、杂质或其他可能有损视力的明显缺陷	镜片屈光度互差为 $^{+0.05}_{-0.07}D$		a）平面型镜片棱镜度互差不得超过 0.125 △； b）曲面型镜片的镜片中心与其他各点之间水平和垂直棱镜度互差均不得超过 0.125 △； c）左、右眼镜片的棱镜度互差不得超过 0.18 △
日本	JIS T 8147：2016	—	除边缘 5mm 范围外，镜片不能有气泡、划痕、暗点、条纹、杂质或其他可能影响视线的缺陷	球镜度 /m^{-1} $(D_1+D_2)/2$ ±0.12	柱镜度 /m^{-1} $\|D_1-D_2\|$ 0.12	≤0.16cm/m
差异分析		日本标准对镜片规格并未做规定，而中国标准根据镜片形式对镜片的尺寸作出规定。日本标准对屈光度和棱镜度指标考核时选择的技术参数不同，中国标准主要采用互差限值的方式进行规定				

表 1-4-2　职业用眼面防护具中日标准比对——可见光透射比、抗冲击、耐热性能

国家	标准号	可见光透射比	抗冲击性能	耐热性能
中国	GB 14866—2006	a）在镜片中心范围内，滤光镜可见光透射比的相对误差应符合表 1-4-3 中规定的范围； b）无色透明镜片：可见光透射比应大于 0.89	用于抗冲击的眼护具，镜片和眼护具应能经受直径 22mm，质量约 45g 钢球从 1.3m 下落的冲击	经高温（67℃ ±2℃）处理后，应无异常现象，可见光透射比、屈光度、棱镜度满足标准要求
日本	JIS T 8147：2016	无滤光作用的镜片，其透射比应≥85%	能经受直径 22mm 钢球从 1.27m～1.30m 高度落下	—
差异分析	中国标准和日本标准对可见光透射比和抗冲击性能试验方法上无显著区别，可见光透射比中国标准指标要求略高于日本。日本标准未对耐热性能做出规定				

表 1-4-3　可见光透射比相对误差表

透射比	相对误差 /%
1.00～0.179	±5
0.179～0.085	±10
0.085～0.0044	±10
0.0044～0.00023	±15
0.00023～0.000012	±20
0.000012～0.00000023	±30

表1-4-4 职业用眼面防护具中日标准比对——耐腐蚀性及其他性能

国家	标准号	耐腐蚀性能	有机镜片表面耐磨性	防高速粒子冲击性能 眼护具类型	直径6mm，质量约0.86g钢球冲击速度 45m/s~46.5m/s	120m/s~123m/s	190m/s~195m/s	化学雾滴防护性能	粉尘防护性能	刺激性气体防护性能
中国	GB 14866—2006	经耐腐蚀试验，眼护具的所有金属部件应呈无氧化的光滑的表面	镜片表面磨损率 H 应低于8%	眼镜	允许	不允许	不允许	经显色喷雾测试，若镜片中心范围内试纸无色斑出现，则认为为合格	若测试后与测试前的反射率比大于80%，则认为合格	若镜片中心范围内试纸无色斑出现，则为合格
				眼罩	允许	允许	不允许			
				面罩	允许	允许	允许			
日本	JIS T 8147：2016	经耐腐蚀试验，眼护具的所有金属部件应呈无氧化的光滑表面	镜片表面磨损率≤8%	—				—	—	—
差异分析	中国标准和日本标准在耐腐蚀性能、有机镜片表面耐磨性的试验方法上无显著区别。日本标准未对防高速粒子冲击性能、化学雾滴防护性能、粉尘防护性能和刺激性气体防护性能作出规定									

第五节 呼吸机

专家组收集、汇总并比对了中国与日本呼吸机相关标准4项。其中：中国标准2项，日本标准2项。具体比对分析情况如下。

呼吸机属于医用电气设备的一种，医疗电气设备在我国执行《医用电气设备 第1部分：安全通用要求》（GB 9706.1—2007），在日本执行《医用电气设备 第1部分：基本安全和基本性能的通用标准》（JIS T 0601-1：2017），两标准均采用国际标准IEC 60601-1，但两个国家采用的国际标准版本不一致，中国等同采用IEC 60601-1：1995，日本则等同采用了IEC 60601-1：2012。中国已于2020年4月9日发布了新版标准GB 9706.1—2020，新标准修改采用IEC 60601-1：2012。中日标准之间的关键性技术指标差异详见比对表1-5-1。

表1-5-1 医用电气设备中日标准比对

国家	标准号	标准名称	与国际标准的对应关系
中国	GB 9706.1—2007	医用电气设备 第1部分：安全通用标准	IEC 60601-1：1995，IDT
日本	JIS T 0601-1：2017	医用电气设备 第1部分：基本安全和基本性能的通用标准	IEC 60601-1：2012，IDT
差异分析	1. 各国家标准与国际标准对应关系： ——中国标准等同采用国际标准IEC 60601-1：1995。2020年4月9日，中国发布新版呼吸机安全通用标准GB 9706.1—2020，新标准修改采用国际标准IEC 60601-1：2012，与国际标准相比较，没有重要技术指标的修改。 ——日本国家标准等同采用国际标准IEC 60601-1：2012。 2. 国际标准各版本间比较： ——IEC 60601-1：2012取消并代替了IEC 60601-1：2005，而IEC 60601-1：2005取消并代替IEC 60601-1：1995。 ——相对于IEC 60601-1：1995，IEC 60601-1：2005主要作了如下技术内容的修改： 增加了对基本性能识别的要求； 增加了机械安全的相关要求； 区分了对操作者的防护和患者防护不同的要求； 增加了防火的要求。 ——IEC 60601-1：2012与IEC 60601-1：2005之间无关键性技术指标的变化			

在呼吸机专用标准方面，我国现行国家标准《医用电气设备 第2部分：呼吸机安全专用要求 治疗呼吸机》（GB 9706.28—2006）修改采用了国际标准IEC

60601-2-12：2001，我国于2020年4月9日发布了新版安全专用标准《医用电器设备 第2-12部分：重症护理呼吸机的基本安全和基本性能专用要求》（GB 9706.212—2020），GB 9706.212—2020修改采用国际标准ISO 80601-2-12：2011，但与ISO 80601-2-12：2011之间无关键性技术指标差异。而日本国家标准JIS T 7204：1989并未采用国际标准，与国际标准之间并无对应关系，与采用国际标准的我国标准GB 9706.28—2006之间差异较大，关键性技术指标比对详见表1-5-2。

表1-5-2　呼吸机中日标准比对

国家	标准号	呼吸压力显示精度	呼出潮气量和分钟通气量监测精度	与国际标准的对应关系
中国	GB 9706.28—2006	±（2% 满刻度 +4% 实际读数）	潮气量大于100 mL或分钟通气量大于3 L/min时，精度应为实际读数的±15%	IEC 60601-2-12：2001，MOD
日本	JIS T 7204：1989	±（2% 满刻度 +4% 实际读数）	未规定	—
差异分析	中日标准与国际标准对应关系： ——中国标准修改采用国际标准 IEC 60601-2-12：2001，与国际标准相比较，没有关键性技术指标的修改。 注：2020年4月9日，中国发布新版呼吸机专用标准 GB 9706.212—2020，新标准修改采用国际标准 ISO 80601-2-12：2011，与国际标准相比较，没有关键性技术指标的修改。 ——日本国家标准为自主起草，并未采用国际标准，与国际标准之间无对应关系			

第六节　测温仪

专家组收集、汇总并比对中国与日本医用测温仪相关标准6项，其中：中国国家标准3项，日本国家标准3项，具体比对分析情况如下。

在通用安全方面，我国现行国家标准《医用电气设备 第1部分：安全通用要求》（GB 9706.1—2007）和日本标准《医用电气设备 第1部分：基本安全和基本性能的通用标准》（JIS T 0601-1：2017）均采用了国际标准IEC 60601-1，但两个国家采用的国际标准版本不一致，关键性技术指标比对详见表1-6-1。中国已于2020年4月9日发布了新版安全通用标准《医用电气设备 第1部分：基本安全和基本性能的通用标准》（GB 9706.1—2020），采用国际标准《医用电气设备 第1部分：基本安全和基本性能的通用标准》（IEC 60601-1：2012）。

在专用标准方面，在专用标准上我国有两份国家推荐标准，《医用红外体温计 第1部分：耳腔式》（GB/T 21417.1—2008）和《医用电子体温计》（GB/T 21416—2008），而日本相关标准为《红外线耳部温度计》（JIS T 4207：2005）和《带有最大装置的临床电子体温计》（JIS T 1140：2005），具体比对详见表1-6-2和表1-6-3。

表 1-6-1　医用测温仪中日标准比对——安全通用标准

国家	标准号	标准名称	与国际标准的对应关系
中国	GB 9706.1—2007	医用电气设备 第1部分：安全通用标准	IEC 60601-1：1995，IDT
日本	JIS T 0601-1：2017	医用电气设备 第1部分：基本安全和基本性能的通用标准	IEC 60601-1：2012，MOD
差异分析	1.中日标准与国际标准对应关系： ——中国标准等同采用国际标准 IEC 60601-1：1995。 注：2020年4月9日，中国发布新版安全通用标准 GB 9706.1—2020，新标准修改采用国际标准 IEC 60601-1：2012，与国际标准相比较，没有重要技术指标的修改。 ——日本标准修改采用国际标准 IEC 60601-1：2012。日本标准在 IEC 标准基础上根据本国情况做了部分修改，但内容基本一致。 2.国际标准各版本间比较： ——IEC 60601-1：2012 取消并代替了 IEC 60601-1：2005，而 IEC 60601-1：2005 取消并代替 IEC 60601-1：1995。 ——相对于 IEC 60601-1：1995，IEC 60601-1：2012 主要作了如下技术内容的修改： 　增加了对基本性能识别的要求； 　增加了机械安全的相关要求； 　区分了对操作者的防护和患者防护不同的要求； 　增加了防火的要求			

表 1-6-2　医用红外体温计中日标准比对

国家	标准号	指标比对		
		最大允许误差		温度显示范围
中国	GB/T 21417.1—2008	在35.0℃~42.0℃内	±0.2℃	不窄于 35.0℃~42.0℃
		在35.0℃~42.0℃外	±0.3℃	
日本	JIS T 4207：2005	基本环境条件下	<35.5℃　±0.3℃	不窄于 35.5℃~42.0℃
			35.5℃~42.0℃　±0.2℃	
			>42.0℃　±0.3℃	
		基本环境条件外	<35.5℃　±0.3℃	
			35.5℃~42.0℃　±0.3℃	
			>42.0℃　±0.3℃	

表 1-6-3　医用电子体温计中日标准比对

国家	标准号	指标比对		
		最大允许误差		温度显示范围
中国	GB/T 21416—2008	低于 35.3℃	± 0.3℃	不窄于 35.0℃ ~ 41.0℃
		35.3℃ ~ 36.9℃	± 0.2℃	
		37.0℃ ~ 39.0℃	± 0.1℃	
		39.1℃ ~ 41.0℃	± 0.2℃	
		高于 41.0℃	± 0.3℃	
日本	JIS T 1140：2005	通常使用 30℃ ~ 43℃	± 0.1℃	不窄于 35.5℃ ~ 42.0℃
		女性使用 35℃ ~ 38℃	± 0.05℃	

第七节　防护鞋靴、防护帽

专家组收集、汇总并比对了中国与日本防护鞋靴、医用防护帽相关标准6项。其中：防护鞋靴相关标准日本1项，中国标准5项；日本无医用防护帽产品相关标准，故未作比对。

我国个体防护装备（PPE）鞋类标准有《个体防护装备　安全鞋》（GB 21148—2007）、《个体防护装备防护鞋》（GB 21147—2007）、《个体防护装备　职业鞋》（GB 21146—2007）、《足部防护　电绝缘鞋》（GB 12011—2009）、《个体防护装备　鞋的测试方法》（GB/T 20991—2007）、《足部防护　防化学品鞋》（GB 20265—2019）、《一次性使用医用防护鞋套》（YY/T 1633—2019）；在防化学品鞋标准方面，日本标准为《化学防护长靴》（JIS T 8117：2005）。

比对分析重点选取防化学品鞋靴关键性技术指标：防水性、防漏性、防滑性、鞋帮透水性和吸水性、鞋帮撕裂性能、鞋帮拉伸性能、抗化学品性能。中日防护鞋靴以及重点比对的防化学品鞋标准中具体技术指标的比对情况详见表1-7-1 ~表1-7-7。

表 1-7-1 防护鞋靴中日标准比对——防水性

国家	标准号	防水性
中国	GB 21148—2007 GB 21147—2007 GB 21146—2007	行走测试：走完 100 槽长后水透入的总面积不应超过 3cm^2； 机器测试：15min 后没有水透入发生； 测试方法：GB/T 20991—2007
	GB 20265—2019	行走测试：走完 100 槽长后水透入的总面积不应超过 3cm^2； 机器测试：80min 后水透入的总面积不应超过 3cm^2
	YY/T 1633—2019	抗渗水性：材料的静水压≥1.67kPa（17cmH$_2$O）
日本	JIS T 8117：2005	—
差异分析	日本标准在防水性上无相对应的指标，故中国标准和日本标准在此项技术指标上无可比性	

表 1-7-2 防护鞋靴中日标准比对——防漏性

国家	标准号	防漏性
中国	GB 21148—2007 GB 21147—2007 GB 21146—2007	应没有空气泄漏 测试方法：GB/T 20991—2007
	GB 20265—2019	应没有空气泄漏
	YY/T 1633—2019	—
日本	JIS T 8117：2005	无连续气泡冒出 测试方法：JIS S 5005：2015
差异分析	中国标准和日本标准在技术要求上相一致	

表 1-7-3 防护鞋靴中日标准比对——防滑性

国家	标准号	防滑性	
中国	GB 21148—2007 GB 21147—2007 GB 21146—2007	无技术要求	
	GB 20265—2019	等级	摩擦系数技术要求
		瓷砖	脚跟前滑≥0.28，脚平面前滑≥0.32
		钢板	脚跟前滑≥0.13，脚平面前滑≥0.18
		瓷砖＋钢板	同时满足 SRA 和 SRB
	YY/T 1633—2019	—	
日本	JIS T 8117：2005	—	
差异分析	日本标准在防滑性上无相对应的指标，故中国标准和日本标准在此项技术指标上无可比性		

表 1-7-4　防护鞋靴中日标准比对——鞋帮透水性和吸水性

国家	标准号	鞋帮透水性和吸水性
中国	GB 21148—2007 GB 21147—2007 GB 21146—2007	鞋帮测试样品的透水量不应高于 0.2g，吸水率不应高于 30%； 测试方法：GB/T 20991—2007
	GB 20265—2019	鞋帮测试样品的透水量不应高于 0.2g，吸水率不应高于 30%
	YY/T 1633—2019	鞋帮表面抗湿性：沾水等级≥2 级
日本	JIS T 8117：2005	—
差异分析	日本标准在鞋帮透水性和吸水性上无相对应的指标，故中国标准和日本标准在此项技术指标上无可比性	

表 1-7-5　防护鞋靴中日标准比对——鞋帮撕裂性能

国家	标准号	鞋帮撕裂性能
中国	GB 21148—2007 GB 21147—2007 GB 21146—2007	皮革≥120N； 涂敷织物和纺织品≥60N； 测试方法：GB/T 20991—2007
	GB 20265—2019	皮革≥120N； 涂敷织物和纺织品≥60N
	YY/T 1633—2019	断裂强力≥40N
日本	JIS T 8117：2005	—
差异分析	日本标准在鞋帮撕裂性能上无相对应的指标，故中国标准和日本标准在此项技术指标上无可比性	

表 1-7-6　防护鞋靴中日标准比对——鞋帮拉伸性能

国家	标准号	鞋帮拉伸性能
中国	GB 21148—2007 GB 21147—2007 GB 21146—2007	皮革抗张强度≥15N/mm^2（MPa）； 橡胶扯断强力≥180N； 聚合材料（聚氨酯或聚氯乙烯等模压材料）100% 定伸应力 1.3N/mm^2 ~ 4.6N/mm^2（MPa）； 聚合材料扯断伸长率≥250%； 测试方法：GB/T 20991—2007
	GB 20265—2019	皮革抗张强度≥15N/mm^2（MPa）； 橡胶扯断强力≥180N； 聚合材料 100% 定伸应力 1.3N/mm^2 ~ 4.6N/mm^2（MPa）； 聚合材料扯断伸长率≥250%
	YY/T 1633—2019	材料断裂强力≥40N； 材料断裂伸长率≥15%

续表

国家	标准号	鞋帮拉伸性能
日本	JIS T 8117：2005	普通橡胶靴：橡胶材料拉伸强度≥11.8MPa，橡胶材料扯断伸长率≥400%，老化性能保持80%； 劳动防护靴：橡胶材料拉伸强度≥12.8MPa，橡胶材料扯断伸长率≥420%，老化性能保持80%； 软质氯乙烯普通长靴：橡胶材料拉伸强度≥6.4MPa，橡胶材料扯断伸长率≥300%； 测试方法：JIS S 5005：2015
差异分析		日本标准中鞋帮拉伸性能的测试对象主要针对橡胶材料，其技术指标在拉伸强度和扯断伸长率上都要高于中国标准

表 1-7-7　防护鞋靴中日标准比对——抗化学品性能

国家	标准号	抗化学品性能		
中国	GB 21148—2007 GB 21147—2007 GB 21146—2007	无单独的技术要求		
	GB 20265—2019	测试分类	抗化学品分类或分级要求	化学品测试方法
		降解测试	18种化学品，至少测2种，试样应无明显影响，内表面无透过痕迹。鞋外底、鞋底、鞋帮还应符合其他要求	GB 20265—2019 中附录A
		抗渗透性测试	18种化学品，至少测3种，渗透时间分5级	GB/T 23462—2009 中 6.4
日本	JIS T 8117：2005	耐压透性测试	15种化学品，或至少4种液态化学品，按穿透压力分6级	JIS T 8031
		抗渗透性测试	15种化学品测试，按渗透时间分6级	JIS T 8030
差异分析		日本标准抗化学品性能的测试设备和中国标准类似，但测试用化学品种类少于中国标准，经化学处理后的比对指标也不完全相同。在抗渗透性能测试上，中国标准选用的化学品种类多，但要求松一些，最低要求仅测3种，日本标准测15种。此外，在其他方面，中国要求测降解性能，日本标准要求测耐压透性能		

第八节 基础纺织材料

专家组收集、汇总并比对了中国与日本用于口罩、防护服、医用隔离衣、手术衣等物资生产的基础纺织材料的相关标准47项,其中:中国标准43项、日本标准4项。具体比对分析情况如下。

在基础通用标准方面,我国制定了《纺织品 非织造布 术语》(GB/T 5709—1997)和《非织造布 疵点的描述 术语》(FZ/T 01153—2019)2项标准,未检索到日本相关标准。

在口罩用基础纺织材料方面,我国有《熔喷法非织造布》(FZ/T 64078—2019)和《纺粘热轧法非织造布》(FZ/T 64033—2014)2项标准,未检索到日本相关标准。

在防护服用基础纺织材料方面,我国有《纺粘、熔喷、纺粘(SMS)法非织造布》(FZ/T 64034—2014)1项标准,未检索到日本相关标准。

在医用隔离衣用基础纺织材料方面,我国有《纺织品 隔离衣用非织造布》(GB/T 38462—2020)1项标准,未检索到日本相关标准。

在手术防护用基础纺织材料方面,我国有《纺织品 手术防护用非织造布》(GB/T 38014—2019)和《手术衣用机织物》(FZ/T 64054—2015)2项标准,未检索到日本相关标准。

在试验方法标准方面,我国有35项标准,日本有4项标准。我国标准与国际标准、日本及其他国外标准的对应情况见表1-8-1。

表1-8-1 我国与国际标准、日本及其他国外基础纺织材料方法标准对应情况

中国标准		对应国际标准、日本及其他国外标准
GB/T 24218.1—2009 纺织品 非织造布试验方法 第1部分:单位面积质量的测定(采ISO)	ISO	ISO 9073-01:1989 纺织品 非织造布试验方法 第1部分:单位面积质量的测定
GB/T 24218.2—2009 纺织品 非织造布试验方法 第2部分:厚度的测定(采ISO)	ISO	ISO 9073-02:1995 纺织品 非织造布试验方法 第2部分:厚度的测定
GB/T 24218.3—2010 纺织品 非织造布试验方法 第3部分:断裂强力和断裂伸长率的测定(条样法)(采ISO)	ISO	ISO 9073-03:1989 纺织品 非织造布试验方法 第3部分:断裂强力和断裂伸长率的测定

中国标准		对应国际标准、日本及其他国外标准
GB/T 24218.5—2016 纺织品　非织造布试验方法　第 5 部分：耐机械穿透性的测定（钢球顶破法）（采 ISO）	ISO	ISO 9073-05：2008 纺织品　非织造布试验方法　第 5 部分：耐机械穿透性的测定（钢球顶破法）
GB/T 24218.6—2010 纺织品　非织造布试验方法　第 6 部分：吸收性的测定（采 ISO）	ISO	ISO 9073-06：2000 纺织品　非织造布试验方法　第 6 部分：吸收性的测定
GB/T 24218.8—2010 纺织品　非织造布试验方法　第 8 部分：液体穿透时间的测定（模拟尿液）（采 ISO）	ISO	ISO 9073-08：1995 纺织品　非织造布试验方法　第 8 部分：液体穿透时间的测定（模拟尿液）
GB/T 24218.10—2016 纺织品　非织造布试验方法　第 10 部分：干态落絮的测定（采 ISO）	ISO	ISO 9073-10：2003 纺织品　非织造布试验方法　第 10 部分：干态落絮的测定
YY/T 0506.4—2016 病人、医护人员和器械用手术单、手术衣和洁净服　第 4 部分：干态落絮试验方法		
GB/T 24218.11—2012 纺织品　非织造布试验方法　第 11 部分：溢流量的测定（采 ISO）	ISO	ISO 9073-11：2002 纺织品　非织造布试验方法　第 11 部分：溢流量的测定
GB/T 24218.12—2012 纺织品　非织造布试验方法　第 12 部分：受压吸收性的测定（采 ISO）	ISO	ISO 9073-12：2002 纺织品　非织造布试验方法　第 12 部分：受压吸收性的测定
GB/T 24218.13—2010 纺织品　非织造布试验方法　第 13 部分：液体多次穿透时间的测定（采 ISO）	ISO	ISO 9073-13：2006 纺织品　非织造布试验方法　第 13 部分：液体多次穿透时间的测定
GB/T 24218.14—2010 纺织品　非织造布试验方法　第 14 部分：包覆材料反湿量的测定（采 ISO）	ISO	ISO 9073-14：2006 纺织品　非织造布试验方法　第 14 部分：包覆材料反湿量的测定
GB/T 24218.15—2018 纺织品　非织造布试验方法　第 15 部分：透气性的测定（采 ISO）	ISO	ISO 9073-15：2007 纺织品　非织造布试验方法　第 15 部分：透气性的测定
GB/T 24218.16—2017 纺织品　非织造布试验方法　第 16 部分：抗渗水性的测定（静水压法）（采 ISO）	ISO	ISO 9073-16：2007 纺织品　非织造布试验方法　第 16 部分：抗渗水性的测定（静水压法）
GB/T 4744—2013 纺织品防水性能的检测和评价　静水压法（采 ISO）	ISO	ISO 811：1981 纺织品防水性能的检测和评价静水压法

中国标准		对应国际标准、日本及其他国外标准
GB/T 24218.17—2017 纺织品 非织造布试验方法 第17部分：抗渗水性的测定（喷淋冲击法）（采 ISO） YY/T 1632—2018 医用防护服材料的阻水性：冲击穿透测试方法	ISO	ISO 9073-17：2008 纺织品 非织造布试验方法 第17部分：抗渗水性的测定（喷淋冲击法）
GB/T 24218.18—2014 纺织品 非织造布试验方法 第18部分：断裂强力和断裂伸长率的测定（抓样法）（采 ISO）	ISO	ISO 9073-18：2007 纺织品 非织造布试验方法 第18部分：断裂强力和断裂伸长率的测定（抓样法）
GB/T 24218.101—2010 纺织品 非织造布试验方法 第101部分：抗生理盐水性能的测定（梅森瓶法）	—	—
GB/T 3917.3—2009 纺织品 织物撕破性能 第3部分：梯形试样撕破强力的测定（采 ISO）	ISO	ISO 9073-04：1997 纺织品 织物撕破性能 第3部分：梯形试样撕破强力的测定
GB/T 18318.1—2009 纺织品 弯曲性能的测定 第1部分：斜面法（采 ISO）	ISO	ISO 9073-07：1995 纺织品 非织造布试验方法 第7部分 弯曲长度的测定
GB/T 23329—2009 纺织品 织物悬垂性的测定（采 ISO）	ISO	ISO 9073-09：2008 纺织品 非织造布试验方法 第9部分：悬垂性的测定
GB/T 38413—2019 纺织品 细颗粒物过滤性能试验方法	欧盟	EN 13274-7：2002 呼吸防护装置 试验方法 第7部分：细颗粒物过滤能的测定
GB/T 7742.1—2005 纺织品 织物胀破性能 第1部分：胀破强力和胀破扩张度的测定 液压法（采 ISO）	ISO	ISO 13938-1：1999 纺织品 织物胀破性能 第1部分：胀破强力和胀破扩张度的测定 液压法
GB/T 24120—2009 纺织品 抗乙醇水溶液性能的测定	ISO	ISO 23232：2009 纺织品 抗乙醇水溶液性能的测定
GB/T 24218（所有部分）纺织品 非织造布试验方法	日本	JIS L 1912：1997 医疗用无纺布测试方法
YY/T 0689 血液和体液防护装备 防护服材料抗血液传播病原体穿透性能测试 Phi-X174 噬菌体试验方法	ISO	ISO 16604：2004 血液和体液防护装备 防护服材料抗血液传播病原体穿透性能测试 Phi-X174 噬菌体试验方法
	美国	ASTM F1671/F1671M-2013 使用 Phi-X174 噬菌体渗透作为试验系统的血源性病原体对防护服装使用的抗渗透材料用试验方法
	日本	JIS T 8061：2015 接触血液和体液的防护服 防护服材料对血源性病原体的耐渗透性的测定 使用 Phi-X174 噬菌体的测试方法

中国标准	对应国际标准、日本及其他国外标准	
YY/T 0700—2008 血液和体液防护装备 防护服材料抗血液和体液穿透性能测试 合成血试验方法	ISO	ISO 16603 血液和体液防护装备 防护服材料抗血液和体液穿透性能测试 合成血试验方法
	日本	JIS T 8060：2015 接触血液和体液的防护服 防护服材料对血液和体液的耐渗透性的测定 使用人造血的测试方法
YYT 0506.5—2009 病人、医护人员和器械用手术单、手术衣和洁净服 第5部分：阻干态微生物穿透试验方法	ISO	ISO 22612：2005 防传染病病原体的 防护服—阻干态微生物穿透试验方法
YYT 0506.6—2009 病人、医护人员和器械用手术单、手术衣和洁净服 第6部分：阻湿态微生物穿透试验方法	ISO	ISO 22610：2018 病人、医护人员和器械用手术单、手术衣和洁净服 阻湿态微生物穿透试验方法
YY/T 0506.7 病人、医护人员和器械用手术单、手术衣和洁净服 第7部分：洁净度-微生物试验方法	ISO	ISO 11737-1 医疗器械的灭菌 微生物学方法 第1部分：产品上微生物总数的测定
YY/T 0506.2—2016 病人、医护人员和器械用手术单、手术衣和洁净服 第2部分：性能要求和试验方法	欧盟	EN 13795：2011 病人、医护人员和器械用手术单、手术衣和洁净服 制衣厂、处理厂和产品的通用要求、试验方法、性能要求和性能水平
YY/T 1425.1—2016 防护服材料抗注射针穿刺性能标准试验方法	美国	ASTM F1342/F1342M-2005（2013）防护服材料的抗穿刺性的标准测试方法
		ASTM F2878-2019 防护服材料耐皮下注射针头刺破性试验方法
YY/T 0699—2008 液态化学品防护装备 防护服材料抗加压液体穿透性能测试方法	ISO	ISO 13994：2005 液态化学品防护装备 防护服材料抗加压液体穿透性能测试方法
	ISO	ISO 6530 防护服 对液态化学制品的防护材料抗液体渗透性的试验方法
YY/T 1497—2016 医用防护口罩材料病毒过滤效率评价方法 Phi-X174 噬菌体试验方法	—	—
GB/T 20654—2006 防护服装 机械性能 材料抗刺穿及动态撕裂性的试验方法（采ISO）	ISO	ISO 13995：2000 防护服装 机械性能 材料抗刺穿及动态撕裂性的试验方法
	日本	JIS T 8050：2005 防护服 机械性能 材料耐穿刺和动态撕裂的测试方法
YY/T 1632—2018 医用防护服材料的阻水性：冲击穿透测试方法	ISO	ISO 18695：2007 纺织品—阻水穿透测试—冲击穿透试验
	美国	AATCC 测试方法 42-2013 阻水性：冲击穿透测试

中国标准	对应国际标准、日本及其他国外标准	
YY/T 0691—2018 传染性病原体防护装备医用面罩抗合成血穿透性试验方法（固定体积、水平喷射）	美国	ASTM F1862/F1862M-17 医用面罩抗合成血标准测试方法（已知速率下的固定体积水平喷射法）
	日本	JIS T 8062：2010 传染性病原体防护服装—耐浸透性试验方法（一定量、水平喷出）

第二章　中国与韩国相关标准比对分析

第一节　口罩

　　专家组收集、汇总并比对了中国与韩国口罩标准共5项，其中：中国标准3项，韩国标准2项。具体比对分析情况如下。

　　我国针对医用防护、颗粒物防护和民用防护制定了国家标准《医用防护口罩技术要求》（GB 19083—2010）、《呼吸防护 自吸过滤式防颗粒物呼吸器》（GB 2626—2019）和《日常防护型口罩技术规范》（GB/T 32610—2016）；韩国防护口罩标准为《防尘口罩》（KS M 6673：2018）和《保健用口罩基准规格指南》（案内书0349-05）。主要针对过滤性能指标、呼吸阻力指标、泄漏率指标进行了比对分析，详见表2-1-1～表2-1-3。

表 2-1-1　医用防护、颗粒物防护和民用防护口罩中韩标准比对——过滤性能指标

国家	标准号		过滤效率			测试流量	加载与否
中国	GB 19083—2010	非油性颗粒物	1 级 ≥95%	2 级 ≥99%	3 级 ≥99.97%	85L/min	否
	GB 2626—2019	KN 非油性颗粒物	KN90 ≥90%	KN95 ≥95%	KN100 ≥99.97%	85L/min	是
		KP 油性颗粒物	KP90 ≥90%	KP95 ≥95%	KP100 ≥99.97%	85L/min	是
	GB/T 32610—2016	油性和非油性颗粒物	Ⅲ级： 盐性 ≥90%； 油性 ≥80%	Ⅱ级： 盐性 ≥95%； 油性 ≥95%	Ⅰ级： 盐性 ≥99%； 油性 ≥99%	85L/min	是
韩国	KS M 6673：2018	非油性和油性颗粒物 石蜡油（paraffin oil）	带导气管且可更换式：特级 ≥99.95%	1 级 ≥94.0%	2 级 ≥80.0%	95L/min	是
			随弃式半面罩：特级 ≥99.0%	1 级 ≥94.0%	2 级 ≥80.0%		
	案内书 0349-05	油性和非油性颗粒物	KF80 ≥80%	KF94 ≥94%	KF99 ≥99%	95L/min	否
差异分析	中国标准和韩国标准过滤效率测试流量不同。滤料级别上，中国医用防护口罩、颗粒物防护口罩，民用防护口罩分级与韩国标准分级不同。						

表2-1-2 医用防护、颗粒物防护和民用防护口罩中韩标准比对——呼吸阻力指标

国家	标准号			吸气阻力	呼气阻力
中国	GB 19083—2010			吸气阻力≤343.2 Pa（85 L/min）	—
	GB 2626—2019		随弃式面罩（无呼气阀），85 L/min	KN90/KP90 ≤170Pa	随弃式面罩（无呼气阀），85 L/min KN90/KP90 ≤170Pa
				KN95/KP95 ≤210Pa	KN95/KP95 ≤210Pa
				KN100/KP100 ≤250Pa	KN100/KP100 ≤250Pa
			随弃式面罩（有呼气阀），85L/min	KN90/KP90 ≤210Pa	随弃式面罩（有呼气阀），85L/min ≤150Pa
				KN95/KP95 ≤250Pa	
				KN100/KP100 ≤300Pa	
			可更换半面罩和全面罩，85L/min	KN90/KP90 ≤250Pa	可更换半面罩和全面罩，85L/min ≤150Pa
				KN95/KP95 ≤300Pa	
				KN100/KP100 ≤350Pa	
	GB/T 32610—2016			吸气≤175Pa，85L/min	呼气≤145Pa，85L/min
韩国	KS M 6673: 2018	过滤元件与罩体分离式	全面型	流量：30L/min ≤52Pa	呼气≤310Pa，160L/min
				流量：95L/min ≤155Pa	
				流量：160L/min ≤258Pa	
			半面型	流量：30L/min ≤52Pa	
				流量：95L/min ≤134Pa	
				流量：160L/min ≤207Pa	
		随弃式半面罩	特级	流量：30L/min ≤103Pa	呼气≤310Pa，160L/min
			1级	≤72Pa	
			2级	≤62Pa	
			特级	流量：95L/min ≤310Pa	
			1级	≤248Pa	
			2级	≤217Pa	
	案内书 0349-05	KF80 ≤60Pa	KF94 ≤70Pa	KF99 ≤100Pa 30L/min	—

差异分析：中国颗粒物防护口罩标准、韩国防尘口罩标准，中国民用防护口罩标准、医用防护口罩标准均进行了差异化要求；中国民用防护口罩标准，韩国防护口罩标准对呼吸阻力没有差异要求，韩国防护口罩标准对呼吸阻力测试流量依据口罩类型和滤料级别设置不同指标

表2-1-3 医用防护、颗粒物物防护和民用防护口罩中韩标准比对——泄漏率、防护效果指标

国家	标准号	泄漏率	50个动作至少有46个动作的泄漏率 — 随弃式	— 可更换式半面罩	— 全面罩（每个动作）	10个受试者至少有8个人的泄漏率 — 随弃式	— 可更换式半面罩	防护效果
中国	GB 19083—2010	用总适合因数进行评价。选10名受试者，作6个规定动作，应至少有8名受试者总适合因数≥100						
	GB 2626—2019	KN90/KP90	<13%	<5%	<0.05%	<10%	<2%	
		KN95/KP95	<11%	<5%	<0.05%	<8%	<2%	
		KN100/KP100	<5%	<5%	<0.05%	<2%	<2%	
	GB/T 32610—2016							头模测试防护效果：A级：≥90%；B级：≥85%；C级：≥75%；D级：≥65%
韩国	KS M 6673:2018	过滤元件与罩体分离式 — 全面型						氯化钠气溶胶和六氟化硫两种方法：≤0.05%
		过滤元件与罩体分离式 — 半面型						50个动作至少有46个动作的泄漏率≤5%；10名受试者至少有8个人的平均泄漏率<2%
		随弃式半面罩 — 特级						50个动作至少有46个动作的泄漏率≤5%；10名受试者至少有8个人的平均泄漏率<2%
		随弃式半面罩 — 1级						50个动作至少有46个动作的泄漏率≤11%；10名受试者至少有8个人的平均泄漏率<8%
		随弃式半面罩 — 2级						50个动作至少有46个动作的泄漏率≤25%；10名受试者至少有8个人的平均泄漏率<22%
	案内书 0349-05	KF80 ≤25%						50个动作至少有46个动作泄漏率
		KF94 ≤11%						KF80 ≤25%
		KF99 ≤5%						KF94 ≤11%
								KF99 ≤5%
差异分析		中国颗粒物防护口罩标准、韩国防护口罩标准根据产品类别、滤料过滤效率级别，对指标进行了差异化区分，测试方法和指标相近；中国民用口罩标准采用呼吸模拟器加头模的测试方法，测试防护效果；中国医用防护口罩标准采用适合因数进行密合性检测。中国三个标准测试方法不同，各具特色						

第二节　防护服

专家组收集、汇总并比对了中国与韩国职业用化学品防护服装和医用防护服相关中韩标准共 2 项，其中：中国标准 1 项，为《防护服装　化学防护服通用技术要求》（GB 24539—2009）；韩国标准 1 项，为雇佣劳动部法案第 2020-35 号（以下简称"法案 2020-35"）。具体比对分析情况如下。

在产品类型上，韩国标准共有 6 个产品类型，我国标准有 5 个产品类型，韩国标准比我国标准多了一种"有限泼溅液密防护服"。指标体系比对中，由于化学防护服指标体系较为复杂，为便于比对工作和阅读，将指标分为三类：①物理机械性能指标；②面料阻隔性能指标；③服装整体阻隔性能指标。从物理机械性能指标、面料阻隔性能指标、服装整体阻隔性能指标三方面对标准进行了比对分析。详见表 2-2-1 ~ 表 2-2-18。

表2-2-1 气密型防护服中韩标准比对——物理机械性能

国家	标准号/产品类别	耐磨损性能	耐屈挠破坏性能	低温（-30℃）耐屈挠破坏性能（可选）	撕破强力	断裂强力	抗刺穿性能	接缝强力	顶破强力	耐低温耐高温性能	阻燃性能
中国	GB 24539—2009 气密型防护服 1-ET	≥3级（>500圈）	有限次使用 ≥1级（>1000次）；多次使用 ≥4级（>15000次）	—	≥3级（>40N）	有限次使用 ≥3级（>100N）；多次使用 ≥4级（>250N）	≥3级（>50N）	≥5级（>300N）	—	面料经70℃或-40℃预处理8h后，断裂强力下降≤30%	—
韩国	法案2020-35 气密型防护服 Type 1 必须连接防化靴	≥3级（>500圈）	≥1级（>1000次）	≥2级（>200次）	≥3级（>40N）	≥3级（>100N）	≥2级（>10N）	≥5级（>300N）	—	—	续燃性能 ≤5s
韩国	法案2020-35 气密型防护服 Type 1-ET（必须连接防化靴，在韩国只有重复使用的防护服才可以认证 Type 1-ET）	≥6级（>2000圈）	≥4级（>15000次）	≥2级（>200次）	≥3级（>40N）	≥6级（>1000N）	≥3级（>50N）	≥5级（>300N）	—	—	续燃性能 ≤5s
差异分析	中国标准和韩国标准的物理机械性能指标设置类似，具体技术要求上各有高低。中国标准要求低温耐高温性能，韩国标准有可选的低温（-30℃）耐屈挠性能。韩国标准有阻燃要求，中国标准没有阻燃要求。										

表2-2-2 气密型防护服中韩标准比对——面料阻隔性能

国家	标准号/产品类别	渗透性能	液体耐压穿透性能	接缝渗透性能	接缝液体耐压穿透性能	密封结构（如拉链）的渗透性能
中国	GB 24539—2009 气密型防护服 1-ET（应急救援响应队应用）	测试15种气态和液态化学品的渗透性能，每种化学品渗透性能≥3级（>60min）	从15种气态和液态化学品中至少选3种化学品进行测试，耐压穿透性能≥1级（>3.5kPa）	测试15种气态和液态化学品的渗透性能，每种化学品渗透性能≥3级（>60min）	从15种气态和液态化学品中至少选3种液态化学品进行测试，耐压穿透性能≥1级（>3.5kPa）	—
韩国	法案 2020-35 气密型防护服 Type 1	从15种气态和液态化学品中至少选择1种化学品，渗透性能≥3级（>60min）	—	从15种气态和液态化学品中至少选1种化学品，渗透性能≥3级（>60min）	—	—
韩国	法案 2020-35 气密型防护服 Type 1-ET	测试15种气态和液态化学品，每种化学品渗透性能≥3级（>60min）	—	测试15种气态和液态化学品，每种化学品渗透性能≥3级（>60min）	—	测试15种气态和液态化学品的渗透性能，每种化学品渗透性能≥5min
差异分析	中国标准韩国标准的面料阻隔性能参数项目类似，具体技术要求有所不同。韩国标准有密封结构（如拉链）的渗透性能要求，中国标准没有					

表 2-2-3 气密型防护服中韩标准比对——整体阻隔性能

国家	标准号／产品类别	气密性	液体泄漏性能	向内泄漏率
中国	GB 24539—2009 气密型防护服 1-ET	向衣服内通气至压力 1.29kPa，保持 1min，调节压力至 1.02kPa，保持 4min，压力下降不超过 20%	Shower 喷淋测试，60min 无穿透	—
	法案 2020-35 气密型防护服 Type 1 必须连防化靴 Type 1a（空气呼吸器内置）1b（空气呼吸器外置）1c（长管供气）	向衣服内通气至压力 1.750kPa，保持 10min，调节压力至 1.650kPa，保持 6min，压力下降不超过 300Pa	—	1a、1b（呼吸器与服装一体）：无要求；1b（呼吸器与服装分体）：向内泄漏率 ≤0.05%，1c：总向内泄漏 ≤0.05%
韩国	法案 2020-35 气密型防护服 Type 1-ET（必须连防化靴，在韩国只有重复使用的防护服才可以认证 Type 1-ET）1-ET 型（气密型应急响应队用）包括：1a-ET（空气呼吸器内置）、1b-ET（空气呼吸器外置）	向衣服内通气至压力 1.750kPa，保持 10min，调节压力至 1.650kPa，保持 6min，压力下降不超过 300Pa	—	—
差异分析	中国标准和韩国标准都有气密性要求，在具体技术要求上不同。中国标准有液体泄漏性能要求，韩国标准没有此项要求。中国标准有总向内泄漏率要求，韩国标准有向内泄漏率要求，中国标准没有此项要求			

表2-2-4　非气密型防护服中韩标准比对——物理机械性能

国家	标准号/产品类别	耐磨损性能	耐屈挠破坏性能	低温（-30℃）耐屈挠破坏性能（可选）	撕破强力	断裂强力	抗刺穿性能	接缝强力	顶破强力	耐低温耐高温性能	阻燃性能
中国	GB 24539—2009 非气密型防护服 2-ET	≥3级（>500圈）	有限次使用 ≥1级（>1000次） 多次使用 ≥4级（>15000次）	—	≥3级（>40N）	有限次使用 ≥3级（>100N） 多次使用 ≥4级（>250N）	≥2级（>10N）	≥5级（>300N）	—	面料经70℃或-40℃预处理8h后，断裂强力下降≤30%	—
韩国	法案 2020-35 非气密型防护服 Type 2	≥3级（>500圈）	≥1级（>1000次）	≥2级（>200次）	≥3级（>100N）	≥3级（>100N）	≥2级（>10N）	≥5级（>300N）	—	—	续燃性能 ≤5s
差异分析	中国标准与韩国标准的物理机械性能指标设置类似，具体技术要求上各有高低。中国标准有耐低温耐高温性能要求，韩国标准有阻燃性能。韩国标准有低温（-30℃）耐屈挠性能、阻燃性能要求，中国标准没有											

表 2-2-5 非气密型防护服中韩标准比对——面料阻隔性能

国家	标准号/产品类别	渗透性能	液体耐压穿透性能	接缝渗透性能	接缝液体耐压穿透性能
中国	GB 24539—2009 非气密型防护服 2-ET	测试 12 种气态和液态化学品的渗透性能，每种化学品渗透性能≥3 级（>60min）	从 15 种气态和液态化学品中至少选 3 种液态化学品进行测试，耐压穿透性能≥1 级（>3.5kPa）	测试 12 种气态和液态化学品的渗透性能，每种化学品渗透性能≥3 级（>60min）	从 15 种气态和液态化学品中至少选 3 种液态化学品进行测试，耐压穿透性能≥1 级（>3.5kPa）
韩国	法案 2020-35 非气密型防护服 Type 2	从 15 种气态和液态化学品中至少选择 1 种化学品，渗透性能≥3 级（>60min）	—	从 15 种气态和液态化学品中至少选择 1 种化学品，渗透性能≥3 级（>60min）	—
差异分析	中国标准与韩国标准的面料阻隔性能参数项目类似，具体技术要求有不同。中国标准有面料和接缝液体耐压穿透性能要求，韩国标准没有				

表 2-2-6 非气密型防护服中韩标准比对——整体阻隔性能

国家	标准号/产品类别	液体泄漏性能	向内泄漏率
中国	GB 24539—2009 非气密型防护服 2-ET	喷淋测试，20min 无穿透	—
韩国	法案 2020-35 非气密型防护服 Type 2	—	向内泄漏率≤0.05%
差异分析	中国标准要求与韩国标准要求不同，中国标准规定了液体泄漏性能要求，韩国标准规定了总内向泄漏率向内泄漏率性能要求		

表 2-2-7　喷射液密型防护服中韩标准比对——物理机械性能

国家	标准号 / 产品类别	耐磨损性能	耐屈挠破坏性能	低温（-30℃）耐屈挠破坏性能（可选）	撕破强力	断裂强力	抗刺穿性能	接缝强力	顶破强力	耐低温耐高温性能	阻燃性能
中国	GB 24539—2009 喷射液密型防护服 3a	≥3 级（>500 圈）	≥1 级（>1000 次）	—	≥1 级（>10N）	≥1 级（>30N）	≥1 级（>5N）	≥1 级（>30N）	—	面料经 70℃或 -40℃预处理 8h 后，断裂强力下降≤30%	—
中国	GB 24539—2009 喷射液密型防护服 3a-ET	≥3 级（>500 圈）	≥1 级（>1000 次）	—	≥1 级（>10N）	≥1 级（>30N）	≥1 级（>5N）	≥1 级（>30N）	—	面料经 70℃或 -40℃预处理 8h 后，断裂强力下降≤30%	—
韩国	法案 2020-35 喷射液密型 Type 3	≥1 级（>10 圈）	≥1 级（>1000 次）	≥1 级（>100 次）	≥1 级（>10N）	≥1 级（>30N）	≥1 级（>5N）	≥1 级（>30N）	—	—	续燃时间≤5s
差异分析	中国标准与韩国标准的物理机械性能指标设置类似，具体技术要求上各有高低。韩国标准有阻燃性能要求、低温（-30℃）耐屈挠性能。中国标准有耐低温耐高温性能要求。中国标准有可选的低温（-30℃）耐屈挠性能，我国标准没有										

表2-2-8 喷射液密型防护服中韩标准比对——面料阻隔性能

国家	标准号/产品类别	渗透性能	液体耐压穿透性能	接缝渗透性能	接缝液体耐压穿透性能
中国	GB 24539—2009 喷射液密型防护服 3a-ET（应急救援响应队用）	从15种气态和液态化学品中至少选择1种进行测试，渗透性能≥3级（>60min）	从15种气态和液态化学品中至少选3种进行试验，耐压穿透性能≥1级（>3.5kPa）	从15种气态和液态化学品中至少选择1种进行测试，渗透性能≥3级（>60min）	从15种气态和液态化学品中至少选1种进行试验，耐压穿透性能≥1级（>3.5kPa）
中国	GB 24539—2009 喷射液密型防护服 3a	从15种气态和液态化学品中至少选1种液态化学品的渗透性能≥3级（>60min）	从15种气态和液态化学品中至少选3种进行试验，耐压穿透性能≥1级（>3.5kPa）	—	从15种气态和液态化学品中至少选1种进行试验，耐压穿透性能≥1级（>3.5kPa）
韩国	法案 2020-35 喷射液密型防护服 Type 3	从15种气态和液态化学品中至少选至少1种液态化学品的渗透性能≥1级（>10min）	—	从15种气态和液态化学品品中至少选择1种，渗透性能≥1级（>10min）	—
差异分析	中国标准与韩国标准的面料阻隔性能参数项目类似，具体技术要求有不同。中国标准有对渗透性能和接缝液体耐压穿透性能的要求，韩国标准没有				

表 2-2-9 喷射液密型防护服中韩标准比对——整体阻隔性能

国家	标准号/产品类别	喷射测试性能
中国	GB 24539—2009 喷射液密型防护服 3a-ET（应急救援响应队用）	液体表面张力 0.032N/m ± 0.002N/m，喷射压力 150kPa 沾污面积小于标准沾污面积 3 倍
	GB 24539—2009 喷射液密型防护服 3a	液体表面张力 0.032N/m ± 0.002N/m，喷射压力 150kPa 沾污面积小于标准沾污面积 3 倍
韩国	法案 2020-35 喷射液密型 Type 3	液体表面张力 0.030N/m ± 0.005N/m，喷射压力 150kPa 沾污面积小于标准沾污面积 3 倍
差异分析	中国标准和韩国标准都有液体喷射测试，性能要求和测试方法相似	

表 2-2-10 泼溅液密型防护服中韩标准比对——物理机械性能

国家	标准号/产品类别	耐磨损性能	耐屈挠破坏性能	低温（-30℃）耐屈挠破坏性能（可选）	撕破强力	断裂强力	抗刺穿性能	接缝强力	顶破强力	耐低温耐高温性能	阻燃性能
中国	GB 24539—2009 喷射液密型防护服 3b	≥1级（>10圈）	≥1级（>1000次）	—	≥1级（>10N）	≥1级（>30N）	≥1级（>5N）	≥1级（>30N）	—	面料经 70℃ 预处理 8h 后，或 -40℃ 断裂强力下降≤30%	—
韩国	法案 2020-35 泼溅液密型 Type 4	≥1级（>10圈）	≥1级（>1000次）	≥1级（>100次）	≥1级（>10N）	≥1级（>30N）	≥1级（>5N）	≥1级（>30N）	—	—	续燃时间 ≤5s
差异分析	中国标准与韩国标准的物理机械性能指标设置类似，具体技术要求各有高低。中国标准有耐低温耐高温性能要求，韩国标准没有；韩国标准有阻燃性能、耐屈挠性能，中国标准有（-30℃）耐屈挠性能。										

表 2-2-11 泼溅液密型防护服中韩标准比对——面料阻隔性能

国家	标准号/产品类别	渗透性能	液体耐压穿透性能	接缝渗透性能	接缝液体耐压穿透性能	拒液性能
中国	GB 24539—2009 泼溅液密型防护服 3b 型	从 15 种气态和液态化学品中至少选择 1 种进行测试，渗透性能≥1级（>10min）	—		从 15 种气态和液态化学品中至少选 1 种进行试验，耐压穿透性能≥1级（>3.5kPa）	拒液指数 ≥1 级；穿透指数（>80%）；穿透指数≥1级（<10%）4 种规定化学品中至少 1 种
韩国	法案 2020-35 泼溅液密型防护服 Type 4	从 15 种气态和液态化学品中至少选择 1 级（>10min）	—	从 15 种气态和液态化学品中至少选择 1 种，渗透性能≥1级（>10min）		至少 1 种
差异分析	除渗透性能要求比较相似外，中国标准与韩国标准指标设置和技术要求都有所不同。中国标准有拒液性能要求，韩国标准没有。中国要求测试耐压穿透性能，韩国标准要求测试接缝渗透性能					

表 2-2-12 泼溅液密型防护服中韩标准比对——整体阻隔性能

国家	标准号/产品类别	泼溅测试
中国	GB 24539—2009 泼溅液密型防护服 3b 型	液体表面张力 0.032N/m ± 0.002N/m，1min 沾污面积小于标准沾污面积 3 倍，喷射压力 300kPa 流量：1.14L/min 测试时间：
韩国	法案 2020-35 泼溅液密型防护服 Type 4	液体表面张力 0.030N/m ± 0.005N/m，1min 沾污面积小于标准沾污面积 3 倍，喷射压力 300kPa 流量 1.14L/min 测试时间：
差异分析	中国标准和韩国标准都采用液体泼溅测试，性能要求和测试方法相似	

表2-2-13　颗粒物防护服中韩标准比对——物理机械性能

国家	标准号/产品类别	耐磨损性能	耐屈挠破坏性能	低温（-30℃）耐屈挠破坏性能（可选）	断裂强力	撕破强力	抗刺穿性能	接缝强力	顶破强力	耐低温耐高温性能	阻燃性能
中国	GB 24539—2009 颗粒物防护服4型	≥1级（>10圈）	≥1级（>1000次）	—	≥1级（>30N）	≥1级（>10N）	≥1级（>5N）	≥1级（>30N）	—	面料经70℃或-40℃预处理8h后，断裂强力下降≤30%	—
韩国	法案2020-35 颗粒物防护服 Type 5	≥1级（>10圈）	≥1级（1000次）	—	—	≥1级（>10N）	≥1级（>5N）	≥1级（>30N）	—	—	—
差异分析	中国标准与韩国标准的物理机械性能指标设置和技术要求基本相同。中国标准有耐低温耐高温性能要求，中国标准有断裂强力要求，韩国标准没有断裂强力要求										

表2-2-14　颗粒物防护服中韩标准比对——面料阻隔性能

国家	标准号/产品类别	耐静水压性能	耐固体颗粒物穿透性能
中国	GB 24539—2009 颗粒物防护服4型	面料的耐静水压≥1级（>1.0kPa）；耐磨测试后，下降率不得大于50%	≥70%
韩国	法案2020-35 固体颗粒物防护服 Type 5	—	—
差异分析	中国标准要求颗粒物防护服面料具有耐静水压性能及耐固体颗粒物穿透性能，韩国标准没有这些要求		

表 2-2-15 有限泼溅液密型防护服中韩标准比对——物理机械性能

国家	标准号/产品类别	耐磨损性能	耐屈挠破坏性能	低温耐屈挠破坏性能（-30℃）（可选）	撕破强力	断裂强力	抗刺穿性能	接缝强力	顶破强力	阻燃性能
中国	无									
韩国	法案 2020-35 有限泼溅液密型 Type 6	≥1级（>10圈）	—	—	≥1级（>10N）	≥1级（>30N）	≥1级（>5N）	≥1级（>30N）	—	续燃性能 ≤5s
差异分析	中国标准没有有限泼溅液密型防护服									

表 2-2-16 颗粒物防护服中韩标准比对——整体阻隔性能

国家	标准号/产品类别	整体阻隔性能 整体颗粒向内泄漏性能
中国	GB/T 29511—2013 固体颗粒物化学防护服	$L_{S,\,8/10} \le 15\%$；$L_{jmm,\,82/90} \le 30\%$
韩国	法案 2020-35 颗粒物防护服 Type 5	$L_{S,\,8/10} \le 15\%$；$L_{jmm,\,82/90} \le 30\%$
差异分析	中国与韩国标准在整体颗粒物向内泄漏性能上的要求基本相同	

表 2-2-17 有限泼溅液密型防护服中韩标准比对——面料阻隔性能

国家	标准号/产品类别	渗透性能	拒液性能 拒液阻隔性能
中国	无	—	—
韩国	法案 2020-35 有限泼溅液密型防护服	—	拒液指数≥3级（>95%），穿透指数≥2级（<5%），4种规定化学品中至少1种
差异分析	中国标准没有有限泼溅液密型防护服。韩国标准有有限泼溅液密型防护服面料的拒液性能要求		

表 2-2-18　有限泼溅液密型防护服中韩标准比对——整体阻隔性能

国家	标准号 / 产品类别	有限泼溅测试
中国	无	—
韩国	法案 2020-35 有限泼溅液密型 Type 6	液体表面张力 0.052 ± 0.0075N/m，喷射压力 300kPa 流量 0.47L/min 测试时间：1min 沾污面积小于标准沾污面积 3 倍
差异分析	中国标准没有有限泼溅液密型防护服。韩国标准有有限泼溅液密型防护服，规定了有限泼溅测试要求	

第三节　医用手套

专家组收集、汇总并比对了中国与韩国医用手套相关标准 2 项，其中：中国标准 1 项，韩国标准 1 项。具体比对分析情况如下。

中国执行《一次性使用医用橡胶检查手套》（GB 10213—2006），等同采用 ISO 11193-1：2002。韩国执行《一次性使用医用检查手套规范　第 1 部分　乳胶或橡胶溶液制成的手套》（KS M ISO 11193-1），等同采用 ISO 11193-1：2008/Amd.1：2012。两国标准均等同采用国际标准 ISO 11193-1，只是版本不同。两者间除物理性能与尺寸要求外，其他指标包括检查水平和接收质量限（AQL）、手套分类、应用场合、材料、灭菌、不透水性的要求均一致，相关技术指标要求比对情况详见表 2-3-1 ~ 表 2-3-2。

表 2-3-1　一次性使用医用橡胶检查手套中韩标准比对——物理性能

国家	标准号	物理性能要求
中国	GB 10213—2006 （等同采用 ISO 11193-1：2002）	老化前扯断力：≥7.0N； 老化前拉断伸长率：1 类≥650%；2 类≥500%； 老化后扯断力：1 类≥6.0N；2 类≥7.0N； 老化后拉断伸长率：1 类≥500%；2 类≥400%； 老化条件：70℃ ±2℃，168h ± 2h
韩国	KS M ISO 11193-1 （等同采用 ISO 11193-1：2008/Amd.1：2012）	老化前扯断力：≥7.0N； 老化前拉断伸长率：1 类≥650%；2 类≥500%； 老化后扯断力：≥6.0N； 老化后拉断伸长率：1 类≥500%；2 类≥400%； 老化条件：70℃ ±2℃，168h ± 2h
差异分析	中国标准对手套物理性能要求与国际标准 ISO 11193-1：2002 一致。韩国标准采用了国际标准 ISO 11193-1：2008/Amd.1：2012，将 2 类手套老化后最小扯断力由 7N 修改为 6N	

表2-3-2 一次性使用医用橡胶检查手套中韩标准比对——尺寸与公差

国家	标准号	尺寸代码	标称尺寸	标称宽度（尺寸w）/mm	宽度（尺寸w）/mm	最小长度（尺寸l）/mm	最小厚度（手指位置测量）/mm	最大厚度（大约在手掌的中心）/mm
中国	GB 10213—2006	6及以下	特小（XS）	—	≤80	220	对所有尺寸： 光面：0.08 麻面：0.11	对所有尺寸： 光面：2.00 麻面：2.03
		6.5	小（S）	—	80±5	220		
		7	中（M）	—	85±5	230		
		7.5	中（M）	—	95±5	230		
		8	大（L）	—	100±5	230		
		8.5	大（L）	—	110±5	230		
		9及以上	特大（XL）	—	≥110	230		
韩国	KS M ISO 11193-1	6及以下	特小（XS）	≤82	≤80	220	对所有尺寸： 光面：0.08 麻面：0.11	对所有尺寸： 光面：2.00 麻面：2.03
		6.5	小（S）	83±5	80±5	220		
		7	中（M）	89±5	95±5	230		
		7.5	中（M）	95±5	95±5	230		
		8	大（L）	102±6	110±5	230		
		8.5	大（L）	109±6	110±5	230		
		9及以上	特大（XL）	≥110	≥110	230		
差异分析	韩国标准采用了较新国际标准，新增了标称宽度要求，同时对宽度要求进行了化简合并							

第四节 职业用眼面防护具

专家组收集、汇总并比对了中国与韩国职业用眼面防护具标准共 2 项，其中：中国标准、韩国标准各 1 项。具体比对分析情况如下。

我国职业用眼面防护具执行《个人用眼护具技术要求》（GB 14866—2006）标准，适用于具有防冲击、防高速粒子冲击、防飞溅化学液滴等性能（不含红外、紫外等光学辐射防护）的各类个人用眼护具，也是疫情防护背景下最相关的眼面防护具标准。

韩国职业用眼面防护具标准执行《护目镜》（KS P 8147：2008）标准，标准适用于职业工作中防止粉尘、液体和其他化学品伤害的眼面防护具。

总体而言，中国标准和韩国标准技术指标要求差异较大，韩国标准对基本防护性能规定较少，对眼护具镜框、镜架、头箍等强度规定较多，关键技术指标比对情况详见表 2-4-1 ~ 表 2-4-4。

表 2-4-1 职业用眼面防护具中韩标准比对——镜片规格、镜片外观质量、屈光度、棱镜度

国家	标准号	镜片规格	镜片外观质量	屈光度	棱镜度
中国	GB 14866—2006	a）单镜片：长×宽尺寸不小于：105mm×50mm；b）双镜片：圆镜片的直径不小于40mm；成形镜片的水平基准长度×垂直高度尺寸不小于：30mm×25mm	镜片表面应光滑，无划痕、波纹、气泡、杂质或其他可能有损视力的明显缺陷	镜片屈光度互差为 $^{+0.05}_{-0.07}D$	a）平面型镜片棱镜度互差不得超过0.125 △；b）曲面型镜片的镜片中心与其他各点之间垂直和水平棱镜度互差均不得超过 0.125 △；c）左右眼镜片的棱镜度互差不得超过0.18 △
韩国	KS P 8147：2008	—	表面应光滑，无凸起、花纹、异物、污染	(0 ± 0.125) m^{-1}，左、右镜片棱镜度互差不得超过0.125 m^{-1}	1/6（cm/m）
差异分析	韩国标准对镜片规格并未作规定，而中国标准根据镜片形式对镜片的尺寸作出规定。中国标准和韩国标准在屈光度和棱镜度指标考核时选择的技术参数不同，中国标准主要采用互差限值的方式进行规定				

表2-4-2 职业用眼面防护具中韩标准比对——可见光透射比、抗冲击性能、耐热性能

国家	标准号	可见光透射比	抗冲击性能	耐热性能
中国	GB 14866—2006	a）在镜片中心范围内，滤光镜可见光透射比的相对误差应符合表2-4-3中规定的范围； b）无色透明镜片：可见光透射比应大于0.89	用于抗冲击的眼护具，镜片和眼护具应能经受直径22mm，质量约45g钢球从1.3m下落的冲击	经（67℃±2℃）高温处理后，应无异常现象，可见光透射比，屈光度，棱镜度满足标准要求
韩国	KS P 8147：2008	≥88%	用于抗冲击的眼护具，镜片和眼护具应能经受直径22mm，质量约45g钢球从1.27m～1.3m下落的冲击	经90℃～100℃保温3min后，4℃以下水中，应无异常现象出现
差异分析		中国标准和韩国标准对可见光透射比和抗冲击性能试验方法上无显著区别，可见光透射比中国标准要求略高于韩国。耐热性能韩国标准处理温度比中国标准高		

表2-4-3 可见光透射比相对误差表

透射比	相对误差/%
1.00～0.179	±5
0.179～0.085	±10
0.085～0.0044	±10
0.0044～0.00023	±15
0.00023～0.000012	±20
0.000012～0.00000023	±30

表2-4-4 职业用眼面防护具中韩标准比对——耐腐蚀、有机镜片表面耐磨性、防高速粒子冲击、化学雾滴防护、粉尘防护、刺激性气体防护

国家	标准号	耐腐蚀性能	有机镜片表面耐磨性	防高速粒子冲击性能				化学雾滴防护性能	粉尘防护性能	刺激性气体防护性能
				眼护具类型	直径为6mm，质量约0.86g 钢球冲击速度					
					45m/s ~ 46.5m/s	120m/s ~ 123m/s	190m/s ~ 195m/s			
中国	GB 14866—2006	眼护具的所有金属部件应呈无氧化的光洁表面。	镜片表面磨损率 H 应低于8%。	眼镜	允许	不允许	不允许	经显色喷雾测试，若镜片中心范围内试纸无色斑出现，则认为合格	若测试后与测试前的反射率比大于80%，则认为合格	若镜片中心范围内试纸无色斑出现，则认为合格
				眼罩	允许	允许	不允许			
				面罩	允许	允许	允许			
韩国	KS P 8147：2008	同国标	同国标	—				—	—	—
差异分析	中国国标和韩国国标在耐腐蚀性能、有机镜片表面耐磨性的试验方法上无显著区别。韩国国标对未对防高速粒子冲击性能、化学雾滴防护性能、粉尘防护性能和刺激性气体防护性能作出规定									

第五节　消毒剂

专家组收集并比对了中国与韩国消毒剂相关标准共 2 项，其中：中国标准、韩国标准各 1 项。韩国标准韩国食品药品安全处《医疗器械消毒剂有效性评估指南》（案内书 -0794-01）；我国《医疗器械消毒剂通用要求》（GB 27949—2020），两者比对分析情况如下。

GB 27949—2020 规定了医疗器械消毒灭菌用化学消毒剂的原料要求、技术要求、检验方法、使用方法和标识要求；适用于医疗器械用消毒剂，不适用于带消毒因子发生装置的消毒器械及气体类或在特定条件下气（汽）化后发挥作用的消毒灭菌产品。

韩国标准案内书 -0794-01 提出了证明医疗器械用杀菌消毒剂有效性的试验方法，并记录了有效性评估时应考虑的事项和结果报告的编写要领，旨在为编写符合医疗器械用杀菌消毒剂使用目的有效性资料提供帮助，并不具备法律效力。

除消毒效果评价方法外，GB 27949—2020 还涉及消毒剂的原料要求、理化指标、有效期、金属腐蚀性和与器械的相容性、使用方法、标签说明书和包装储存运输等内容，消毒效果评价方法除杀灭微生物指标外，还包括连续使用稳定性和毒理学安全性要求，内容较为全面；而韩国案内书 -0794-01 仅详细描述了杀灭微生物的具体试验方法和试验结果报告模版。具体比对见表 2-5-1。

表 2-5-1　医疗器械消毒剂中韩标准比对

比对项目	GB 27949—2020	案内书 -0794-01
适用范围	规定了医疗器械消毒灭菌用化学消毒剂的原料要求、技术要求、检验方法、使用方法和标识要求；适用于医疗器械用消毒剂，不适用于带消毒因子发生装置的消毒器械及气体类或在特定条件下气（汽）化后发挥作用的消毒灭菌产品	提出了证明医疗器械用杀菌消毒剂有效性的试验方法，并记录了有效性评估时应考虑的事项和结果报告的编写要领，旨在为编写符合医疗器械用杀菌消毒剂使用目的有效性资料提供帮助，并不具备法律效力
术语定义	医疗器械、医疗器械用消毒剂	灭菌、灭菌剂、消毒、消毒剂、高水平杀菌消毒剂、中水平杀菌消毒剂、低水平杀菌消毒剂、医疗器械消毒剂等
消毒效果评价方法	按《消毒技术规范》《内镜清洗消毒机消毒效果检验技术规范（试行）》等规范、标准或其他相应的国家标准或产品质量标准规定的方法进行测定	参考 AOAC（Association of Official Analytical Chemists）、CEN（European Committee for Standardization）和 ASTM（American Society for Testing and Materials）等试验方法

比对项目	GB 27949—2020	案内书 -0794-01
原料要求	√	—
理化指标	√	—
有效期	√	—
金属腐蚀性	√	—
与器械的相容性	√	—
使用方法	√	—
标签说明书	√	—
包装储存运输	√	—
毒理学安全性	√	—
稳定性	√	—
结果报告	—	√
差异分析	GB 27949—2020 除消毒效果评价方法外，还涉及消毒剂的原料要求、理化指标、有效期、金属腐蚀性和与器械的相容性、使用方法、标签说明书和包装储存运输等内容，消毒效果评价方法除杀灭微生物指标外，还包括连续使用稳定性和毒理学安全性要求，内容较为全面；而案内书 -0794-01 仅详细描述了杀灭微生物的具体试验方法和试验结果报告模版	

注：√表示对该项有要求。

第六节 呼吸机

专家组收集、汇总并比对了中国与韩国呼吸机相关标准 6 项，其中：中国标准 3 项，韩国标准 3 项，具体比对分析情况如下。

一、通用安全

我国现行国家标准为《医用电气设备 第 1 部分：安全通用要求》（GB 9706.1—2007），韩国国家标准为《医用电气设备 第 1 部分：基本安全和基本性能的通用标准》（KS C IEC 60601-1：2019）。中韩两国标准均采用国际标准 IEC 60601-1，但版本不一致，中国等同采用 IEC 60601-1：1995，韩国则等同采用 IEC 60601-1：2012。中国已于 2020 年 4 月 9 日发布了新版标准 GB 9706.1—2020，新标准修改采用 IEC 60601-1：2012。中韩标准关键性技术指标差异比对详见表 2-6-1。

二、专用标准

针对用于 ICU 重症监护室的重症护理呼吸机，中国现行国家标准为《医用电气设备　第 2 部分：呼吸机安全专用要求　治疗呼吸机》（GB 9706.28—2006），该标准修改采用了国际标准 IEC 60601-2-12：2001。韩国现行国家标准为《医用电气设备　第 2-12 部分：呼吸机安全专用要求　治疗呼吸机》（KS C ISO 80601-2-12：2017），该标准等同采用 ISO 80601-2-12：2011。中韩两国标准无关键性技术指标的差异，两者的比较详见表 2-6-2。

另一方面，我国于 2020 年 4 月 9 日发布了新版安全专用标准《医用电器设备　第 2-12 部分：重症护理呼吸机的基本安全和基本性能专用要求》（GB 9706.212—2020），该标准修改采用国际标准 ISO 80601-2-12：2011，但与 ISO 80601-2-12：2011 之间无关键性技术指标差异。

针对急救和转运用呼吸机，中国现行有效的标准为《医用呼吸机　基本安全和主要性能专用要求　第 3 部分：急救和转运用呼吸机》（YY 0600.3—2007），该标准修改采用国际标准 ISO 10651-3：1997，无关键性技术指标的差异。韩国现行有效国家标准为《医用呼吸机　急救和转运用呼吸机专用要求》（KS P ISO 10651-3：2018），该标准等同采用国际标准 ISO 10651-3：1997。两国标准无关键性技术指标的差异，标准比对情况详见表 2-6-3。

表 2-6-1　呼吸机中韩安全通用标准比对

国家	标准号	标准名称	与国际标准的对应关系
中国	GB 9706.1—2007	医用电气设备　第 1 部分：安全通用标准	IEC 60601-1：1995，IDT
韩国	KS C IEC 60601-1：2019	医用电气设备　第 1 部分：基本安全和基本性能的通用标准	IEC 60601-1：2012，IDT
差异分析	1. 中韩标准与国际标准对应关系： ——中国标准 GB 9706.1—2007 等同采用国际标准 IEC 60601-1：1995。 注：2020 年 4 月 9 日，中国发布新版呼吸机安全通用标准 GB 9706.1—2020，新标准修改采用国际标准 IEC 60601-1：2012，与国际标准相比较，没有关键性技术指标的修改。 ——韩国标准 KS C IEC 60601-1：2019 等同采用国际标准 IEC 60601-1：2012。 2. 国际标准各版本间比较： ——IEC 60601-1：2012 取消并代替了 IEC 60601-1：2005，而 IEC 60601-1：2005 取消并代替 IEC 60601-1：1995。 ——相对于 IEC 60601-1：1995，IEC 60601-1：2005 主要作了如下技术内容的修改： 　增加了对基本性能识别的要求； 　增加了机械安全的相关要求； 　区分了对操作者的防护和患者防护不同的要求； 　增加了防火的要求。 ——IEC 60601-1：2012 与 IEC 60601-1：2005 之间无关键性技术指标的变化		

表 2-6-2　用于 ICU 重症监护室的呼吸机中韩专用标准比对

国家	标准号	标准名称	与国际标准的对应关系
中国	GB 9706.28—2006	医用电气设备　第 2 部分：呼吸机安全专用要求　治疗呼吸机	IEC 60601-2-12：2001，MOD
韩国	KS C ISO 80601-2-12：2017	医用电气设备　第 2-12 部分：呼吸机安全专用要求　治疗呼吸机	ISO 80601-2-12：2011，IDT
差异分析		1. 中韩标准与国际标准对应关系： ——中国标准 GB 9706.28—2006 修改采用国际标准 IEC 60601-2-12：2001，与国际标准相比较，没有关键性技术指标的修改。 注：2020 年 4 月 9 日，中国发布新版呼吸机专用标准 GB 9706.212—2020，新标准修改采用国际标准 ISO 80601-2-12：2011，与国际标准相比较，没有关键性技术指标的修改。 ——韩国标准 KS C ISO 80601-2-12：2017 等同采用国际标准 ISO 80601-2-12：2011。 2. ISO 80601-2-12：2011 取消并代替了 IEC 60601-2-12：2001，两者之间无关键性技术指标的变化，相对于 IEC 60601-2-12：2001，ISO 80601-2-12：2011 主要作了如下技术内容的修改： ——修改了适用范围，涵盖了可能影响呼吸机基本安全和基本性能的附件； ——修改了呼气支路阻塞（持续气道压力）报警状态的要求； ——进一步增加了通气性能测试要求； ——增加了机械强度（防冲击和振动）测试要求； ——增加了外壳防水要求	

表 2-6-3　急救和转运呼吸机中韩专用标准比对

国家	标准号	标准名称	与国际标准的对应关系
中国	YY 0600.3—2007	医用呼吸机　基本安全和主要性能专用要求　第 3 部分：急救和转运用呼吸机	ISO 10651-3：1997，MOD
韩国	KS P ISO 10651-3：2018	医用呼吸机　急救和转运用呼吸机专用要求	ISO 10651-3：1997，IDT
差异分析		中国标准修改采用国际标准 ISO 10651-3：1997，与国际标准相比较，没有关键性技术指标的修改，但对于运行环境温度和抗扰度试验电平，增加了制造商另行规定的权利。 韩国标准 KS P ISO 10651-3：2018 等同采用国际标准 ISO 10651-3：1997。 因此，中国标准和韩国标准之间无关键性技术指标的差异	

第七节 测温仪

专家组收集、汇总并比对了中国与韩国医用测温仪相关标准5项，其中：中国标准3项，韩国标准2项。具体比对分析情况如下。

在通用安全方面，我国现行国家标准为《医用电气设备 第1部分：安全通用要求》（GB 9706.1—2007），韩国国家标准为《医用电气设备 第1部分：基本安全和基本性能的通用标准》（KS C IEC 60601-1：2011）。两标准采用国际标准IEC 60601-1，但采用标准版本不一致，中国采用IEC 60601-1：1995，韩国采用IEC 60601-1：2005。标准比对情况详见表2-7-1。此外，中国于2020年4月9日发布了新版GB 9706.1—2020，采用IEC 60601-1：2012。

在专用标准方面，我国有《医用红外体温计 第1部分：耳腔式》（GB/T 21417.1—2008）和《医用电子体温计》（GB/T 21416—2008），两项标准，韩国标准是《医用电气设备 第2-56部分：体温测量用临床体温计的基本安全和基本性能专用要求》（KS C ISO 60601-2-56-2012），具体比对见表2-7-2、表2-7-3。

表2-7-1 医用测温仪中韩标准比对——安全通用标准

国家	标准号	标准名称	与国际标准的对应关系
中国	GB 9706.1—2007	医用电气设备 第1部分：安全通用标准	IEC 60601-1：1995，IDT
韩国	KS C IEC 60601-1：2011	医用电气设备 第1部分：基本安全和基本性能的通用标准	IEC 60601-1：2005，MOD

差异分析	1. 中韩标准与国际标准对应关系：
	——中国标准等同采用国际标准IEC 60601-1：1995。
	注：2020年4月9日，中国发布新版安全通用标准GB 9706.1—2020，新标准修改采用国际标准IEC 60601-1：2012，与国际标准相比较，没有重要技术指标的修改。
	——韩国标准修改采用国际标准IEC 60601-1：2005。韩国标准在IEC标准基础上根据本国情况做了部分修改，但内容基本一致。
	2. 国际标准各版本间比较：
	——IEC 60601-1：2012取消并代替了IEC 60601-1：2005，而IEC 60601-1：2005取消并代替IEC 60601-1：1995。
	——相对于IEC 60601-1：1995，IEC 60601-1：2012主要作了如下技术内容的修改：
	  增加了对基本性能识别的要求；
	  增加了机械安全的相关要求；
	  区分了对操作者的防护和患者防护不同的要求；
	  增加了防火的要求		

表2-7-2 医用红外测温仪中韩标准比对

国家	标准号	指标对比			
		最大允许误差			温度显示范围
中国	GB/T 21417.1—2008	在35.0℃～42.0℃内		±0.2℃	不窄于 35.0℃～42.0℃
		在35.0℃～42.0℃外		±0.3℃	
		额定输出范围外实验室准确度		±0.4℃	
韩国	KS C ISO 60601-2-56-2012	正常使用时，额定输出范围内实验室准确度	非可调节模式测温仪	±0.3℃	不窄于35℃～42.0℃
			其他	±0.2℃	
		额定输出范围外实验室准确度		±0.4℃	

表2-7-3 医用红外测温仪中韩标准比对

国家	标准号	指标对比			
		最大允许误差			温度显示范围
中国	GB/T 21416—2008	低于35.3℃		±0.3℃	不窄于 35.0℃～41.0℃
		35.3℃～36.9℃		±0.2℃	
		37.0℃～39.0℃		±0.1℃	
		39.1℃～41.0℃		±0.2℃	
		高于41.0℃		±0.3℃	
韩国	KS C ISO 60601-2-56-2012	正常使用时，额定输出范围内实验室准确度	非可调节模式测温仪	±0.3℃	不窄于35℃～42.0℃
			其他	±0.2℃	
		额定输出范围外实验室准确度		±0.4℃	

第八节 隔离衣、手术衣

专家收集、汇总并比对了中国与韩国隔离衣、手术衣相关标准4项，其中：韩国标准2项，中国医疗器械行业标准2项，具体比对分析情况如下。

我国无隔离衣产品标准，手术衣执行《病人、医护人员和器械用手术单、手术衣和洁净服》（YY/T 0506系列标准）；韩国无隔离衣和手术衣类产品标准，主要等同采用两项国际方法标准《病人、医护人员和器械手术单、手术衣和洁净服：阻湿态微生物穿透试验方法》（KS K ISO 22610）、《防传染病病原体的防护服 阻干态微生物穿透试验方法》（KS K ISO 22612）。

韩国的这2个方法标准与我国手术衣的YY/T 0506中的2个方法标准《病人、医护人员和器械用手术单、手术衣和洁净服　第5部分：阻干态微生物穿透试验方法》（YY/T 0506.5—2009）、《病人、医护人员和器械用手术单、手术衣和洁净服　第6部分：阻湿态微生物穿透试验方法》（YY/T 0506.6—2009）均采用国际标准《防传染病病原体的防护服　阻干态微生物穿透试验方法》（ISO 22612：2005）、《病人、医护人员和器械手术单、手术衣和洁净服：阻湿态微生物穿透试验方法》（ISO 22610：2006）。两国标准与国际标准技术上一致。详见表2-8-1。

表2-8-1　手术衣中韩标准比对

标准来源	阻干态微生物穿透试验方法	阻湿态微生物穿透试验方法
中国	YY/T 0506.5—2009	YY/T 0506.6—2009
韩国	KS K ISO 22612	KS K ISO 22610
国际	ISO 22612：2005	ISO 22610：2006
差异分析	两国标准与国际标准技术上一致	

第九节　防护鞋靴、防护帽

专家组收集、汇总并比对了中国与韩国防护鞋靴相关标准6项，其中：中国标准5项，韩国标准1项。韩国无医用防护帽产品相关标准，故无比对。具体比对分析情况如下。

现阶段我国个体防护装备（PPE）鞋类标准主要有《个体防护装备　安全鞋》（GB 21148—2007）、《个体防护装备　防护鞋》（GB 21147—2007）、《个体防护装备　职业鞋》（GB 21146—2007）和《个体防护装备　电绝缘鞋》（GB 12011—2009）；鞋类测试方法标准为《个体防护装备　鞋的测试方法》（GB/T 20991—2007）；抗化学品鞋执行《足部防护　防化学品鞋》（GB 20265—2019），该标准2019年12月31日发布，2020年07月01日实施；一次性使用医用防护鞋套执行《一次性使用医用防护鞋套》（YY/T 1633—2019）。韩国防化学品鞋标准为《职业健康用防护鞋靴》（KS G 7020：2016）。

重点选取防化学品鞋靴关键性技术指标（防水性、防漏性、防滑性、鞋帮透水性和吸水性、鞋帮撕裂性能、鞋帮拉伸性能、抗化学品性能）进行比对分析，详见表2-9-1～表2-9-7。

表 2-9-1　防护鞋靴中韩标准比对——防水性

国家	标准号	防水性
中国	GB 21148—2007 GB 21147—2007 GB 21146—2007	行走测试：走完 100 槽长后水透入的总面积不应超过 $3cm^2$； 机器测试：15min 后没有水透入发生； 测试方法：GB/T 20991—2007
	GB 20265—2019	行走测试：走完 100 槽长后水透入的总面积不应超过 $3cm^2$； 机器测试：80min 后水透入的总面积不应超过 $3cm^2$
	YY/T 1633—2019	抗渗水性：材料的静水压≥1.67kPa（$17cmH_2O$）
韩国	KS G 7020：2016	—
差异分析	韩国标准无相对应的指标，故中国标准和韩国标准在此项技术指标上无可比性	

表 2-9-2　防护鞋靴中韩标准比对——防漏性

国家	标准号	防漏性
中国	GB 21148—2007 GB 21147—2007 GB 21146—2007	应没有空气泄漏； 测试方法：GB/T 20991—2007
	GB 20265—2019	应没有空气泄漏
	YY/T 1633—2019	—
韩国	KS G 7020：2016	鞋底、鞋跟、鞋带和其他接触部分牢固完整，化学药品等不会渗入
差异分析	韩国标准仅提出无化学品渗入的定性要求，无相对应的技术指标和测试方法。中国标准比韩国标准在此项技术指标上要求更严格	

表 2-9-3　防护鞋靴中韩标准比对——防滑性

国家	标准号	防滑性	
中国	GB 21148—2007 GB 21147—2007 GB 21146—2007	无技术要求	
	GB 20265—2019	等级	摩擦系数技术要求
		瓷砖	脚跟前滑≥0.28，脚平面前滑≥0.32
		钢板	脚跟前滑≥0.13，脚平面前滑≥0.18
		瓷砖＋钢板	同时满足 SRA 和 SRB
	YY/T 1633—2019	—	
韩国	KS G 7020：2016	需考虑防滑，但无明确技术要求	
差异分析	韩国标准在第 5 章提出需考虑防滑，但无相对应的技术指标要求，故中国标准和韩国标准在此项技术指标上无可比性		

表 2-9-4　防护鞋靴中韩标准比对——鞋帮透水性和吸水性

国家	标准号	鞋帮透水性和吸水性
中国	GB 21148—2007 GB 21147—2007 GB 21146—2007	鞋帮测试样品的透水量不应高于 0.2g，吸水率不应高于 30% 测试方法：GB/T 20991—2007
	GB 20265—2019	鞋帮测试样品的透水量不应高于 0.2g，吸水率不应高于 30%
	YY/T 1633—2019	鞋帮表面抗湿性：沾水等级≥2 级
韩国	KS G 7020：2016	—
差异分析	韩国标准无相对应的指标，故中国标准和韩国标准在此项技术指标上无可比性	

表 2-9-5　防护鞋靴中韩标准比对——鞋帮撕裂性能

国家	标准号	鞋帮撕裂性能
中国	GB 21148—2007 GB 21147—2007 GB 21146—2007	皮革≥120N；涂敷织物和纺织品≥60N； 测试方法：GB/T 20991—2007
	GB 20265—2019	皮革≥120N；涂敷织物和纺织品≥60N； 测试方法：GB/T 20991—2007
	YY/T 1633—2019	断裂强力≥40N
韩国	KS G 7020：2016	—
差异分析	韩国标准无相对应的指标，故中国标准和韩国标准在此项技术指标上无可比性	

表 2-9-6　防护鞋靴中韩标准比对——鞋帮拉伸性能

国家	标准号	鞋帮拉伸性能
中国	GB 21148—2007 GB 21147—2007 GB 21146—2007	皮革抗张强度≥15N/mm²（MPa）；橡胶扯断强力≥180N； 聚合材料（聚氨酯或聚氯乙烯等模压材料）100% 定伸应力 1.3N/mm² ~ 4.6N/mm²（MPa）； 聚合材料扯断伸长率≥250%；测试方法：GB/T 20991—2007
	GB 20265—2019	皮革抗张强度≥15N/mm²（MPa）；橡胶扯断强力≥180N； 聚合材料 100% 定伸应力 1.3N/mm² ~ 4.6N/mm²（MPa）； 聚合材料扯断伸长率≥250%；测试方法：GB/T 20991—2007
	YY/T 1633—2019	材料断裂强力≥40N；材料断裂伸长率≥15%
韩国	KS G 7020：2016	—
差异分析	韩国标准无相对应的指标，故中国标准和韩国标准在此项技术指标上无可比性	

表 2-9-7　防护鞋靴中韩标准比对——抗化学品性能

国家	标准号	抗化学品性能		
中国	GB 21148—2007 GB 21147—2007 GB 21146—2007	无单独的技术要求		
	GB 20265—2019	测试分类	抗化学品 分类或分级要求	化学品测试方法
		降解测试	18 种化学品，至少测 2 种，试样应无明显影响，内表面无透过痕迹。鞋外底、鞋底、鞋帮还应符合其他要求	GB 20265—2019 附录 A
		抗渗透性测试	18 种化学品，至少测 3 种，渗透时间分 5 级	GB/T 23462—2009
韩国	KS G 7020：2016	材料测试	33 种化学品，由当事人各方协商测试化学品种类及测试方法	KS G 7020
		整鞋测试	33 种化学品，由当事人各方协商测试化学品种类及测试方法	KS G 7020
差异分析	韩国标准抗化学品性能的测试设备和方法与中国标准完全不同。中国标准分为降解测试和抗渗透性测试两类，韩国分为材料测试与整鞋测试两类，韩国测试用化学品种类多于中国标准，经化学处理后的比对指标也不同。韩国最终测试仅检查是否出现严重膨胀、收缩、硬化等表观现象，而中国标准有定量检测指标要求。因此，中国标准总体上技术要求应更严格一些			

第十节　基础纺织材料

专家组收集、汇总并比对了中国与韩国用于口罩、防护服、医用隔离衣、手术衣等物资生产的基础纺织材料相关标准 54 项，其中：中国标准 43 项，韩国标准 11 项。具体比对分析情况如下。

在基础通用标准方面，我国制定了《纺织品　非织造布　术语》（GB/T 5709—1997）和《非织造布　疵点的描述　术语》（FZ/T 01153—2019）2 项标准，韩国制定了《纺织品　非织造布　术语》（KS K ISO 9092-2014）1 项标准，我国 GB/T 5709—1997 与韩国 KS K ISO 9092-2014 均转化自 ISO 9092《非织造布　术语》标准。

在口罩用基础纺织材料方面，我国有《熔喷法非织造布》（FZ/T 64078—2019）和《纺粘热轧法非织造布》（FZ/T 64033—2014）2 项标准，在防护服用基础纺织材料方面，我国有《纺粘、熔喷、纺粘（SMS）法非织造布》（FZ/T 64034—2014）1 项标准，在医用隔离衣用基础纺织材料方面，我国有《纺织品　隔离衣用非织造布》（GB/T 38462—2020）1项标准，在手术防护用基础纺织材料方面，我国有《纺织品　手术防护用非织造布》（GB/T 38014—2019）和《手术衣用机织物》（FZ/T 64054—2015）2项标准，在这些领域均未检索到韩国产品标准。

在试验方法标准方面，中国标准35项，韩国标准10项，中国、韩国及其他国外基础纺织材料方法标准的对应情况见表2-10-1。

表2-10-1　中国、韩国及其他国外基础纺织材料方法标准对应

中国标准		对应韩国及其他国外标准（或国际标准）
GB/T 24218.1—2009 纺织品　非织造布试验方法　第1部分：单位面积质量的测定（采ISO）	ISO	ISO 9073-01：1989 纺织品　非织造布试验方法　第1部分：单位面积质量的测定
GB/T 24218.2—2009 纺织品　非织造布试验方法　第2部分：厚度的测定（采ISO）	ISO	ISO 9073-02：1995 纺织品　非织造布试验方法　第2部分：厚度的测定
GB/T 24218.3—2010 纺织品　非织造布试验方法　第3部分：断裂强力和断裂伸长率的测定（条样法）（采ISO）	ISO	ISO 9073-03：1989 纺织品　非织造布试验方法　第3部分：断裂强力和断裂伸长率的测定
GB/T 24218.5—2016 纺织品　非织造布试验方法　第5部分：耐机械穿透性的测定（钢球顶破法）（采ISO）	ISO	ISO 9073-05：2008 纺织品　非织造布试验方法　第5部分：耐机械穿透性的测定（钢球顶破法）
GB/T 24218.6—2010 纺织品　非织造布试验方法　第6部分：吸收性的测定（采ISO）	ISO	ISO 9073-06：2000 纺织品　非织造布试验方法　第6部分：吸收性的测定
GB/T 24218.8—2010 纺织品　非织造布试验方法　第8部分：液体穿透时间的测定（模拟尿液）（采ISO）	ISO	ISO 9073-08：1995 纺织品　非织造布试验方法　第8部分：液体穿透时间的测定（模拟尿液）
GB/T 24218.10—2016 纺织品　非织造布试验方法　第10部分：干态落絮的测定（采ISO） YY/T 0506.4—2016 病人、医护人员和器械用手术单、手术衣和洁净服　第4部分：干态落絮试验方法	ISO	ISO 9073-10：2003 纺织品　非织造布试验方法　第10部分：干态落絮的测定
GB/T 24218.11—2012 纺织品　非织造布试验方法　第11部分：溢流量的测定（采ISO）	ISO	ISO 9073-11：2002 纺织品　非织造布试验方法　第11部分：溢流量的测定
GB/T 24218.12—2012 纺织品　非织造布试验方法　第12部分：受压吸收性的测定（采ISO）	ISO	ISO 9073-12：2002 纺织品　非织造布试验方法　第12部分：受压吸收性的测定

续表

中国标准		对应韩国及其他国外标准（或国际标准）
GB/T 24218.13—2010 纺织品　非织造布试验方法　第 13 部分：液体多次穿透时间的测定（采 ISO）	ISO	ISO 9073-13：2006 纺织品　非织造布试验方法　第 13 部分：液体多次穿透时间的测定
GB/T 24218.14—2010 纺织品　非织造布试验方法　第 14 部分：包覆材料反湿量的测定（采 ISO）	ISO	ISO 9073-14：2006 纺织品　非织造布试验方法　第 14 部分：包覆材料反湿量的测定
GB/T 24218.15—2018 纺织品　非织造布试验方法　第 15 部分：透气性的测定（采 ISO）	ISO	ISO 9073-15：2007 纺织品　非织造布试验方法　第 15 部分：透气性的测定
GB/T 24218.16—2017 纺织品　非织造布试验方法　第 16 部分：抗渗水性的测定（静水压法）（采 ISO）	ISO	ISO 9073-16：2007 纺织品　非织造布试验方法　第 16 部分：抗渗水性的测定（静水压法）
GB/T 4744—2013 纺织品防水性能的检测和评价　静水压法（采 ISO）	ISO	ISO 811：1981 纺织品防水性能的检测和评价　静水压法
GB/T 24218.17—2017 纺织品　非织造布试验方法　第 17 部分：抗渗水性的测定（喷淋冲击法）（采 ISO） YY/T 1632—2018 医用防护服材料的阻水性：冲击穿透测试方法	ISO	ISO 9073-17：2008 纺织品　非织造布试验方法　第 17 部分：抗渗水性的测定（喷淋冲击法）
GB/T 24218.18—2014 纺织品　非织造布试验方法　第 18 部分：断裂强力和断裂伸长率的测定（抓样法）（采 ISO）	ISO	ISO 9073-18：2007 纺织品　非织造布试验方法　第 18 部分：断裂强力和断裂伸长率的测定（抓样法）
GB/T 24218.101—2010 纺织品　非织造布试验方法　第 101 部分：抗生理盐水性能的测定（梅森瓶法）	—	—
GB/T 3917.3—2009 纺织品　织物撕破性能　第 3 部分：梯形试样撕破强力的测定（采 ISO）	ISO	ISO 9073-04：1997 纺织品　织物撕破性能 第 3 部分：梯形试样撕破强力的测定
GB/T 18318.1—2009 纺织品　弯曲性能的测定　第 1 部分：斜面法（采 ISO）	ISO	ISO 9073-07：1995 纺织品　非织造布试验方法　第 7 部分 弯曲长度的测定
GB/T 23329—2009 纺织品　织物悬垂性的测定（采 ISO）	ISO	ISO 9073-09：2008 纺织品　非织造布试验方法　第 9 部分：悬垂性的测定
GB/T 38413—2019 纺织品　细颗粒物过滤性能试验方法	欧盟	EN 13274-7：2002 呼吸防护装置　试验方法　第 7 部分：细颗粒物过滤能的测定
GB/T 7742.1—2005 纺织品　织物胀破性能　第 1 部分：胀破强力和胀破扩张度的测定 液压法（采 ISO）	ISO	ISO 13938-1：1999 纺织品　织物胀破性能 第 1 部分：胀破强力和胀破扩张度的测定　液压法

续表

中国标准		对应韩国及其他国外标准（或国际标准）
GB/T 24218 非织造布试验方法系列标准	韩国	KS K 0756 长纤维无纺布测试方法
GB/T 24120—2009 纺织品　抗乙醇水溶液性能的测定	ISO	ISO 23232：2009 纺织品　抗乙醇水溶液性能的测定
YY/T 0689 血液和体液防护装备　防护服材料抗血液传播病原体穿透性能测试 Phi-X174 噬菌体试验方法	ISO	ISO 16604：2004 血液和体液防护装备　防护服材料抗血液传播病原体穿透性能测试 Phi-X174 噬菌体试验方法
	韩国	KS K ISO 16604 防止接触血液和体液的防护服　防护服材料防止血液病原渗透性的测定　使用 Phi.X.175 噬菌体的试验方法
YY/T 0700—2008 血液和体液防护装备　防护服材料抗血液和体液穿透性能测试　合成血试验方法	ISO	ISO 16603 血液和体液防护装备　防护服材料抗血液和体液穿透性能测试　合成血试验方法
	韩国	KS K ISO 16603 防止接触血液和体液的防护服　防护服材料防止血液和体液渗透性的测定　使用人
YYT 0506.5—2009 病人、医护人员和器械用手术单、手术衣和洁净服　第 5 部分：阻干态微生物穿透试验方法	ISO	ISO 22612：2005 防传染病病原体的防护服　阻干态微生物穿透试验方法
	韩国	KS K ISO 22612 防传染病病原体的防护服　阻干态微生物穿透试验方法
YYT 0506.6—2009 病人、医护人员和器械用手术单、手术衣和洁净服　第 6 部分：阻湿态微生物穿透试验方法	ISO	ISO 22610：2018 病人、医护人员和器械用手术单、手术衣和洁净服　阻湿态微生物穿透试验方法
	韩国	KS K ISO 22610 病人、医护人员和器械用手术单、手术衣和洁净服　阻湿态微生物穿透试验方法
YY/T 0506.7 病人、医护人员和器械用手术单、手术衣和洁净服　第 7 部分：洁净度 - 微生物试验方法	ISO	ISO 11737-1 医疗器械的灭菌　微生物学方法第 1 部分：产品上微生物总数的测定
YY/T 0506.2—2016 病人、医护人员和器械用手术单、手术衣和洁净服　第 2 部分：性能要求和试验方法	欧盟	EN 13795：2011 病人、医护人员和器械用手术单、手术衣和洁净服　制衣厂、处理厂和产品的通用要求、试验方法、性能要求和性能水平
YY/T 1425.1—2016 防护服材料抗注射针穿刺性能标准试验方法	美国	ASTM F1342/F1342M-2005（2013）防护服材料的抗穿刺性的标准测试方法
	美国	ASTM F2878-2019 防护服材料耐皮下注射针头刺破性试验方法

中国标准		对应韩国及其他国外标准（或国际标准）
YY/T 0699—2008 液态化学品防护装备　防护服材料抗加压液体穿透性能测试方法	ISO	ISO 13994：2005 液态化学品防护装备　防护服材料抗加压液体穿透性能测试方法
	ISO	ISO 6530 防护服　对液态化学制品的防护材料抗液体渗透性的试验方法
	韩国	KS K ISO 13994 液态化学品防护服　防护服装材料在压力下防液体渗透的阻力测定
	韩国	KS K ISO 6530 防护服　对液态化学制品的防护材料抗液体渗透性的试验方法
	韩国	KS K ISO 6529 防护服　化学试剂防护　防护服面料液体和气体的渗透性测定
YY/T 1497—2016 医用防护口罩材料病毒过滤效率评价方法 Phi-X174 噬菌体试验方法	—	—
GB/T 20654—2006 防护服装　机械性能　材料抗刺穿及动态撕裂性的试验方法（采 ISO）	ISO	ISO 13995：2000 防护服装　机械性能　材料抗刺穿及动态撕裂性的试验方法
	韩国	KS K ISO 13995 防护服　机械特性　材料抗动力撕扯和穿刺性的试验方法
—	韩国	KS K 0349 无纺布缝线测试方法
YY/T 1632—2018 医用防护服材料的阻水性：冲击穿透测试方法	ISO	ISO 18695：2007 纺织品　阻水穿透测试　冲击穿透试验
YY/T 0691—2008 传染性病原体防护装备医用面罩抗合成血穿透性试验方法（固定体积、水平喷射）	ISO	ISO 22609：2004 传染性病原体防护装备　医用面罩抗合成血穿透性试验方法（固定体积、水平喷射）

第三章 中国与俄罗斯相关标准比对分析

第一节 口罩

专家组收集、汇总并比对了中国、俄罗斯、欧盟口罩标准共 9 项，具体比对分析情况如下。

一、医用外科口罩、一次性使用医用口罩

医用外科口罩主要是在手术室或其他类似医疗环境中使用，重点是阻隔可能飞溅的血液、体液穿过口罩污染佩戴者，关键核心指标有过滤效率、压力差、抗合成血、微生物指标等。一次性使用医用口罩在普通医疗环境中佩戴，用于阻隔口腔和鼻腔呼出或喷出污染物。

我国医用外科口罩需符合《医用外科口罩》（YY 0469—2011）标准，一次性医用口罩对应标准是推荐性行业标准《一次性使用医用口罩》（YY/T 0969—2013）；欧盟需符合 EN 14683 标准，俄罗斯医用口罩的标准与 EN 14683 等同。从具体指标看，对于颗粒过滤效率，YY 0469—2011 规定颗粒滤过率（PFE）≥30%，而 YY/T 0969—2013、EN 14683-2019 均无此要求，详见表 3-1-1。

对于细菌过滤效率，YY 0469—2011 和 YY/T 0969—2013 均规定细菌过滤效率（BFE）≥95%；EN 14683：2019 中分为三级，Type Ⅰ：≥95%，Type Ⅱ 和 Type Ⅱ R：≥98%，详见表 3-1-1。

对于抗合成血，YY 0469—2011 规定≥16kPa，一次性医用口罩没有此项要求；EN 14683：2019 中只对 Type ⅡR 有要求，指标为≥16kPa，详见表 3-1-2。

对于微生物指标，我国标准菌落计数规定略低于国际标准，但在致病菌控制指标上有明确规定，详见表 3-1-2。

表 3-1-1　医用外科及一次性医用口罩中俄标准比对——过滤效率指标

国家 / 地区	标准号	过滤效率			
中国	YY 0469—2011	细菌和非油性颗粒物	颗粒过滤效率≥30%（30 L/min）；细菌过滤效率≥95%		
	YY/T 0969—2013		细菌过滤效率≥95%		
欧盟	EN 14683：2019	细菌	Type Ⅰ≥95%	Type Ⅱ≥98%	Type Ⅱ R≥98%
俄罗斯	GOST R 58396—2019	细菌	Type Ⅰ≥95%	Type Ⅱ≥98%	Type Ⅱ R≥98%

表 3-1-2　医用外科及一次性医用口罩中俄标准比对——抗合成血 / 微生物指标

国家 / 地区	标准号	抗合成血	微生物指标
中国	YY 0469—2011	2mL 合成血液 16kPa 下不穿透	细菌菌落≤100CFU/g；大肠菌群、绿脓杆菌、金黄色葡萄球菌、溶血性链球菌和真菌不得检出
	YY/T 0969—2013	—	细菌菌落≤100CFU/g；大肠菌群、绿脓杆菌、金黄色葡萄球菌、溶血性链球菌和真菌不得检出
	GB 19083—2010	2mL 合成血液 10.7kPa 下不穿透	细菌菌落总数≤200CFU/g；真菌总数≤100CFU/g；大肠菌群、绿脓杆菌、金黄色葡萄球菌、溶血性链球菌不得检出
欧盟	EN 14683—2019	Type Ⅰ 和 Ⅱ 无要求，Type Ⅱ R：2mL 合成血液 16kPa 下不穿透	≤30CFU/g
俄罗斯	GOST R 58396—2019	Type Ⅰ 和 Ⅱ 无要求，Type Ⅱ R：2mL 合成血液 18kPa 下不穿透	≤30CFU/g

二、工业防护、医用防护和民用防护级口罩

我国工业防护口罩标准为《呼吸防护　自吸过滤式防颗粒物呼吸器》（GB 2626—2019），医用防护口罩标准为《医用防护口罩技术要求》（GB 19083—2010），民用防护级口罩标准为《日常防护型口罩技术规范》（GB/T 32610—2016）。欧盟标准为 EN 149：2001+A1：2009，俄罗斯标准为 GOST 12.4.294—2015。

从具体指标看，对于过滤性能，我国标准 GB 2626—2019 工业防护技术指标要求与俄罗斯标准指标比较（俄罗斯与欧盟标准等同），测试流量不同（我国的国家标准采用的流量条件是 85L/min，而欧盟、俄罗斯采用的流量条件是 95L/min），测试程序基本一致（欧盟同时要求油性和非油性指标，指标数量上多于 GB 2626 标准）；民用口罩标准 GB/T 32610—2016 和欧盟标准和俄罗斯标准指标相当（俄罗斯标准与欧盟标准等同），但测试流量低，详见表 3-1-3。

对于呼吸阻力，我国标准 GB 2626—2019 指标比欧盟标准和俄罗斯标准指标高（俄罗斯标准与欧盟标准等同），测试方法等同；GB/T 32610—2016 指标也高于欧盟标准和俄罗斯标准指标（俄罗斯标准与欧盟标准等同），测试方法等同，详见表 3-1-4。

对于泄漏率，我国标准 GB 2626—2019、欧盟、俄罗斯指标基本相同。GB/T 32610—2016 指标低于欧盟标准和俄罗斯标准指标（俄罗斯标准与欧盟标准等同），采用头模测试，测试方法不同，详见表 3-1-5。

表 3-1-3 工业防护、医用防护及民用防护级口罩中俄标准比对——过滤性能指标

国家/地区	标准号		过滤效率			测试流量	加载与否
			1 级 ≥95%	2 级 ≥99%	3 级 ≥99.97%		
中国	GB 19083—2010	非油性颗粒物	1 级 ≥95%	2 级 ≥99%	3 级 ≥99.97%	85 L/min	否
中国	GB 2626—2019	KN 非油性颗粒物	KN90 ≥90%	KN95 ≥95%	KN100 ≥99.97%	85 L/min	是
中国	GB 2626—2019	KP 油性颗粒物	KP90 ≥90%	KP95 ≥95%	KP100 ≥99.97%	85 L/min	是
中国	GB/T 32610—2016	油性和非油性颗粒物	I 级： 盐性 ≥99%； 油性 ≥99%	II 级： 盐性 ≥95%； 油性 ≥95%	III 级： 盐性 ≥90%； 油性 ≥80%	85 L/min	是
欧盟	EN 149: 2001+A1: 2009	油性和非油性颗粒物	FFP1 ≥80%	FFP2 ≥94%	FFP3 ≥99%	95 L/min	是
俄罗斯	GOST 12.4.294—2015	油性和非油性颗粒物	FFP1 ≥80%	FFP2 ≥94%	FFP3 ≥99%	95 L/min	是

表 3-1-4 工业防护、医用防护及民用防护级口罩中俄标准比对——呼吸阻力指标

国家/地区	标准号	吸气阻力	呼气阻力
中国	GB 19083—2010	吸气阻力 ≤343.2Pa（85L/min）	—
中国	GB 2626—2019	随弃式面罩（无呼气阀），85L/min KN90/KP90 ≤170Pa KN95/KP95 ≤210Pa KN100/KP100 ≤250Pa 随弃式面罩（有呼气阀），85L/min KN90/KP90 ≤210Pa KN95/KP95 ≤250Pa KN100/KP100 ≤300Pa 可更换半面罩和全面罩，85L/min KN90/KP90 ≤250Pa KN95/KP95 ≤300Pa KN100/KP100 ≤350Pa	随弃式面罩（无呼气阀），85L/min KN90/KP90 ≤170Pa KN95/KP95 ≤210Pa KN100/KP100 ≤250Pa 随弃式面罩（有呼气阀），85L/min ≤150Pa 可更换半面罩和全面罩，85L/min ≤150Pa
中国	GB/T 32610—2016	吸气 ≤175Pa，85L/min	呼气 ≤145Pa，85L/min

续表

国家/地区	标准号	吸气阻力	呼气阻力
俄罗斯	GOST 12.4.294—2015	同 EN149: 2001+A1: 2009	同 EN149: 2001+A1: 2009
欧盟	EN 149: 2001+A1: 2009	30L/min：FFP1 ≤60Pa；FFP2 ≤70Pa；FFP3 ≤100Pa 95L/min：FFP1 ≤210Pa；FFP2 ≤240Pa；FFP3 ≤300Pa 呼吸模拟器（最大阻力），可更换式： DL1/DS1 ≤145Pa；DL2/DS2 ≤165Pa；DL3/DS3 ≤355Pa DL1/DS1 ≤110Pa；DL2/DS2 ≤120Pa；DL3/DS3 ≤240Pa RL1/RS1 ≤165Pa；RL2/RS2 ≤190Pa；RL3/RS3 ≤380Pa 潮湿（Moistened）吸气阻力 有呼气阀：DL1/DS1 ≤110Pa；DL2/DS2 ≤120Pa；DL3/DS3 ≤200Pa 无呼气阀：DL1/DS1 ≤95Pa；DL2/DS2 ≤100Pa；DL3/DS3 ≤150Pa	160L/min ≤300Pa 160L/min ≤300Pa 呼吸模拟器（最大阻力），可更换式： DL1/DS1 ≤145Pa；DL2/DS2 ≤165Pa；DL3/DS3 ≤190Pa DL1/DS1 ≤110Pa；DL2/DS2 ≤120Pa；DL3/DS3 ≤240Pa RL1/RS1 ≤165Pa；RL2/RS2 ≤165Pa；RL3/RS3 ≤190Pa —　—　—

表3-1-5　工业防护、医用防护及民用防护级口罩中俄标准比对——泄漏率指标

国家	标准号	泄漏率					
中国	GB 19083—2010	用总适合因数进行评价。选10名受试者，作6个规定动作，应至少有8名受试者总适合因数≥100					
中国	GB 2626—2019	泄漏率	50个动作至少有46个动作的泄漏率			10个受试者中至少有8个人的泄漏率	
			随弃式	可更换式半面罩	全面罩（每个动作）	随弃式	可更换式半面罩
		KN90/KP90	<13%	<5%	<0.05%	<10%	<2%
		KN95/KP95	<11%	<5%	<0.05%	<8%	<2%
		KN100/KP100	<5%	<5%	<0.05%	<2%	<2%
中国	GB/T 32610—2016	头模测试防护效果：A级：≥90%；B级：≥85%；C级：≥75%；D级：≥65%					
俄罗斯	GOST 12.4.294—2015	同 EN149：2001+A1：2009					
欧盟	EN 149：2001+A1：2009	总泄漏率	50个动作至少有46个动作的泄漏率			10个至少有8个人的泄漏率均值	
		FFP1	≤25%			≤22%	
		FFP2	≤11%			≤8%	
		FFP3	≤5%			≤2%	
差异分析		欧盟标准、俄罗斯标准该项指标基本相同。中国颗粒防护口罩标准根据产品不同进行差异化区分，GB 2626—2019要求基本与欧盟标准要求一致，民用口罩采用头模的测试方法，与欧盟标准不同，医用防护口罩用适合因数替代泄漏率检测					

第二节　防护服

　　经资料检索，专家组没有发现俄罗斯有关于防传染介质医用防护服的标准，因此不对《医用一次性防护服技术要求》（GB 19082—2009）进行比对分析。

　　针对重要防护用品职业用化学品防护服装，收集并汇总了中俄职业用防护服标准9项。由于化学防护服指标体系较为复杂，为便于对比研究和分析，将技术指标分为物理机械性能指标、面料阻隔性能指标和服装整体阻隔性能指标三类。以下为3大类指标比对分析数据，见表3-2-1~ 表3-2-12。

一、物理机械性能

　　物理机械性能指标比对分析情况见表3-2-1~ 表3-2-4。

表 3-2-1 气密型防护服中俄标准比对——物理机械性能

参数名称及技术要求

国家	标准号及标准名称/产品类别	耐磨损性能	耐屈挠破坏性能	撕破强力	断裂强力	抗刺穿性能	接缝强力	耐低温耐高温性能	阻燃性能
中国	GB 24539—2009 防护服装 化学防护服 通用技术要求 气密型防护服 1-ET	≥3 级（>500 圈）	有限次使用 ≥1 级（>1000 次）	≥3 级（>40N）	有限次使用 ≥3 级（>100N）	≥3 级（>50N）	≥5 级（>300N）	面料经 70℃ 或 -40℃预处理 8h 后，断裂强力下降≤30%	—
			多次使用 ≥4 级（>15000 次）		多次使用 ≥4 级（>250N）				—
俄罗斯	GOST 12.4.284.1—2014 职业安全标准体系 气密（1 型）和非气密（2 型）性防化服 技术要求	一次性>100 圈，每 1000 圈磨耗量>1000kg/MJ	一次性>2000 次	一次性>20N	一次性>120N	一次性>10N	一次性>120N	耐低温 -30℃	一次性续燃时间≤2s
		可重复使用式>1500 圈，每 1000 圈磨耗量>10000kg/MJ	可重复使用式>20000 次	可重复使用式>40N	可重复使用式>150N	可重复使用式>100N	可重复使用式>150N	耐低温 -30℃	可重复使用式续燃时间≤2s
	GOST 12.4.284.2—2014 职业安全标准体系 液态和气态化学品防护服 技术要求和试验方法（1a-ET 可配氧气呼和 1b-ET 可配空气呼应急队用气密服）	一次性>100 圈，每 1000 圈磨耗量<10000kg/MJ	一次性>2000 次	一次性>20N	一次性>120N	一次性>10N	一次性>120N	耐低温 -30℃	一次性续燃时间≤2s
		可重复使用式>1500 圈，每 1000 圈磨耗量<10000kg/MJ	可重复使用式>20000 次	可重复使用式>40N	可重复使用式>150N	可重复使用式>100N	可重复使用式>150N	耐低温 -30℃	可重复使用式续燃时间≤2s

表 3-2-2 非气密型防护服中中俄标准比对——物理机械性能

参数名称及技术要求

国家	标准号及标准名称/产品类别	耐磨损性能	耐屈挠破坏性能	撕破强力	断裂强力	抗刺穿性能	接缝强力	耐低温耐高温性能	阻燃性能
中国	GB 24539—2009 防护服装 化学防护服通用技术要求 非气密型防护服 2-ET	≥3 级（>500 圈）	有限次使用≥1 级（>1000 次）多次使用≥4 级（>15000 次）	≥3 级（>40N）	有限次使用≥3 级（>100N）多次使用≥4 级（>250N）	≥2 级（>10N）	≥5 级（>300N）	面料经 70℃ 预处理 8h 后，或 -40℃ 处理 8h 后，断裂强力下降≤30%	—
俄罗斯	GOST 12.4.284.1—2014 职业安全标准体系 气密（1 型）和非气密（2 型）性防化服技术要求	一次性>100 圈，每 1000 圈磨耗量>1000kg/MJ	一次性>2000 次	一次性>20N	一次性>120N	一次性>10N	一次性>120N	耐低温-30℃	一次性续燃时间≤2s
		可重复使用式>1500 圈，每 1000 圈磨耗量>10000kg/MJ	可重复使用式>20000 次	可重复使用式>40N	可重复使用式>150N	可重复使用式>100N	可重复使用式>150N	耐低温-30℃	可重复使用式续燃时间≤2s

表3-2-3　喷射液密型防护服中俄标准比对——物理机械性能

国家	标准号及标准名称/产品类别	耐磨损性能	耐屈挠破坏性能	撕破强力	断裂强力	抗刺穿性能	接缝强力	耐低温耐高温性能
中国	GB 24539—2009 防护服装 化学防护服通用技术要求 喷射液密型防护服 3a	≥3级（>500圈）	≥1级（>1000次）	≥1级（>10N）	≥1级（>30N）	≥1级（>5N）	≥1级（>30N）	面料经70℃或-40℃预处理8h后，断裂强力下降≤30%
	GB 24539—2009 防护服装 化学防护服通用技术要求 喷射液密型防护服 3a-ET	≥3级（>500圈）	≥1级（>1000次）	≥1级（>10N）	≥1级（>30N）	≥1级（>5N）	≥1级（>30N）	面料经70℃或-40℃预处理8h后，断裂强力下降≤30%
俄罗斯	GOST 12.4.258—2014 职业安全标准体系 防喷雾和液态气溶胶形式的毒性化学品防护服（3类和4类）技术要求	一次性>100圈，每1000圈磨耗量>1000kg/MJ	—	一次性 ≥20N	一次性 ≥60N	一次性 ≥10N	一次性 ≥60N	—
		可重复使用式>1500圈，每1000圈磨耗量>10000kg/MJ	—	可重复使用式 ≥40N	可重复使用式 ≥150N	可重复使用式 ≥100N	可重复使用式 ≥150N	—

表3-2-4 泼溅液密型防护服中俄标准比对——物理机械性能

国家	标准号及标准名称/产品类别	耐磨损性能	耐屈挠破坏性能	撕破强力	断裂强力	抗刺穿性能	接缝强力	耐低温耐高温性能
中国	GB 24539—2009 防护服装 化学防护服 通用技术要求 喷射液密型防护服 3b	≥1级 （>10圈）	≥1级 （>1000次）	≥1级 （>10N）	≥1级 （>30N）	≥1级 （>5N）	≥1级 （>30N）	面料经70℃或-40℃预处理8h后，断裂强力下降≤30%
俄罗斯	GOST 12.4.258—2014 职业安全标准体系 防喷雾和液态气溶胶形式的毒性化学品防护服 （3类和4类）技术要求	一次性>100圈，每1000圈磨耗量>1000kg/MJ 可重复使用式>1500圈，每1000圈磨耗量>10000kg/MJ	— —	一次性≥20N 可重复使用式≥40N	一次性≥60N 可重复使用式≥150N	一次性≥10N 可重复使用式≥100N	一次性≥60N 可重复使用式≥150N	—

二、面料阻隔性能

面料阻隔性能指标比对分析情况见表3-2-5～表3-2-8。

表3-2-5　气密型防护服中俄标准比对——面料阻隔性能

国家	标准号及标准名称/产品类别	参数名称		
		渗透性能	液体耐压穿透性能	接缝渗透性能
中国	GB 24539—2009 防护服装 化学防护服通用技术要求 气密型防护服1-ET（应急救援响应队用）	测试15种气态和液态化学品的渗透性能，每种化学品渗透性能≥3级（>60min）	从15种气态和液态化学品中至少选3种气态和液态化学品进行测试，耐压穿透性能≥1级（>3.5kPa）	测试15种气态和液态化学品的渗透性能，每种化学品渗透性能≥3级（>60min）
俄罗斯	GOST 12.4.284.1—2014 职业安全标准体系 气密（1型）和非气密（2型）性防化服 技术要求	一次性>30min 可重复使用>360min	抵抗侵蚀性环境系数/% >75 >90	可以与材料渗透性能不同，但要求满足服装用途的需求
	GOST 12.4.284.2—2014 职业安全标准体系 液态和气态化学品防护服 技术要求和试验方法（1a-ET可配氧呼和1b-ET可配空呼应急响应队用气密服）	测试15种气态和液态化学品的渗透性能，每种化学品渗透性能≥30min	—	测试15种气态和液态化学品的渗透性能，每种化学品渗透性能≥30min

表 3-2-6 非气密型防护服中俄标准比对——面料阻隔性能

国家	标准号及标准名称/产品类别	参数名称		
		渗透性能	液体耐压穿透性能	接缝渗透性能
中国	GB 24539—2009 防护服装 化学防护服通用技术要求 非气密型防护服 2-ET	测试12种液态化学品的渗透性能，每种化学品渗透性能≥3级（>60min）	从15种气态和液态化学品中至少选3种化学品进行测试，耐压穿透性能≥1级（>3.5kPa）	测试12种液态化学品的渗透性能，每种化学品渗透性能≥3级（>60min）
俄罗斯	GOST 12.4.284.1—2014 职业安全标准体系 气密（1型）和非气密服（2型）性能要求 气密（1型）和非气密化服（2型）技术要求	一次性>30min 可重复使用>360min	抵抗侵蚀性环境系数/% >75 >90	可以与材料渗透性能不同，但要求满足服装用途的需求

表 3-2-7 喷射液密型防护服中俄标准比对——面料阻隔性能

国家	标准号及标准名称/产品类别	参数名称			
		渗透性能	液体耐压穿透性能	接缝渗透性能	接缝液体耐压穿透性能
中国	GB 24539—2009 防护服装 化学防护服通用技术要求 喷射液密型防护服 3a-ET（应急救援响应队用）	从15种气态和液态化学品中至少选择1种化学品进行测试，渗透性能≥3级（>60min）	从15种气态和液态化学品中至少选3种化学品进行试验，耐压穿透性能≥1级（>3.5kPa）	从15种气态和液态化学品中至少选1种化学品进行测试，（>60min）	从15种气态和液态化学品中至少选1种化学品进行试验，耐压穿透性能≥1级（>3.5kPa）
中国	GB 24539—2009 防护服装 化学防护服通用技术要求 喷射液密型防护服 3a	从15种气态和液态化学品中至少选1种化学品的渗透性能≥3级（>60min）	从15种气态和液态化学品中至少选3种化学品进行试验，耐压穿透性能≥1级（>3.5kPa）	—	从15种气态和液态化学品中至少选1种化学品进行试验，耐压穿透性能≥1级（>3.5kPa）

续表

国家	标准号及标准名称/产品类别	参数名称			
		渗透性能	液体耐压穿透性能	接缝渗透性能	接缝液体耐压穿透性能
俄罗斯	GOST 12.4.258—2014 职业安全标准体系 防喷雾和液态气溶胶形式的毒性化学品防护服（3类和4类）技术要求	按照 GOST 12.4.218 进行渗透测试时间，报告实际测试结果	—	按照 GOST 12.4.218 进行渗透测试时间，报告实际测试结果	—

表 3-2-8 泼溅液密型防护服中俄标准比对——面料阻隔性能

国家	标准号及标准名称/产品类别	参数名称			
		渗透性能	接缝渗透性能	接缝液体耐压穿透性能	拒液性能
中国	GB 24539—2009 防护服装 化学防护服通用技术要求 泼溅液密型防护服 3b 型	从 15 种气态和液态化学品中至少选择 1 种液态化学品进行测试 渗透性能≥1 级（>10min）	—	从 15 种气态和液态化学品中至少选 1 种进行试验，耐压穿透性能≥1 级（>3.5kPa）	拒液指数≥1 级（>80%）穿透指数≥1 级（<10%）4 种规定化学品中至少 1 种
俄罗斯	GOST 12.4.258—2014 职业安全标准体系 防喷雾和液态气溶胶形式的毒性化学品防护服（3 类和 4 类）技术要求	按照 GOST 12.4.218 进行渗透测试时间，报告实际测试结果	按照 GOST 12.4.218 进行渗透测试时间，报告实际测试结果	—	—

三、服装整体阻隔性能

服装整体阻隔性能指标比对分析见表 3-2-9～表 3-2-12。

表 3-2-9　气密型防护服中俄标准比对——服装整体阻隔性能指

国家	标准号及标准名称/产品类别	参数名称	
		气密性	液体泄漏性能
中国	GB 24539—2009　防护服装　化学防护服通用技术要求　气密型防护服 1-ET	向衣服内通气至压力 1.29kPa，保持 1min，调节压力至 1.02kPa，保持 4min，压力下降不超过 20%	喷淋测试，60min 无穿透
俄罗斯	GOST 12.4.284.1—2014　职业安全标准体系　气密（1型）和非气密（2型）性防化服　技术要求	气密型防护服进行气密试验，6min 内压力下降不超过 300Pa	向内泄漏系数 1a 型、带可拆卸面罩的 1b 型 带可定面罩的 1b 型 无要求，1c 型≤0.05%
俄罗斯	GOST 12.4.284.2—2014　职业安全标准体系　液态和气态化学品防护服　技术要求和试验方法（1a-ET 可配氧气呼和 1b-ET 可配空呼应急响应队用气密服）	气密型防护服进行气密试验，6min 内压力下降不超过 300Pa	—

表 3-2-10　非气密型防护服中俄标准比对——整体阻隔性能

国家	标准号及标准名称/产品类别	参数名称	
		液体泄露性能	
中国	GB 24539—2009　防护服装　化学防护服通用技术要求　非气密型防护服 2-ET	喷淋测试，20min 无穿透	
俄罗斯	GOST 12.4.284.1—2014 职业安全标准体系　气密（1型）和非气密（2型）性防化服　技术要求	向内泄露系数	2 型≤0.05%

表 3-2-11 喷射液密型防护服中俄标准比对——整体阻隔性能

国家	标准号及标准名称/产品类别	喷射测试性能
中国	GB 24539—2009 防护服装 化学防护服通用技术要求 喷射液密型防护服 3a-ET（应急救援响应队用）	液体表面张力 0.032N/m ± 0.002N/m，喷射压力 150kPa 沾污面积小于标准沾污面积 3 倍
	GB 24539—2009 防护服装 化学防护服通用技术要求 喷射液密型防护服 3a	液体表面张力 0.032N/m ± 0.002N/m，喷射压力 150kPa 沾污面积小于标准沾污面积 3 倍
俄罗斯	GOST 12.4.258—2014 职业安全标准体系 防喷雾和液态气溶胶形式的毒性化学品防护服（3 类和 4 类）技术要求	液体表面张力 0.030N/m ± 0.005N/m，喷射压力 150kPa 沾污面积小于标准沾污面积 3 倍

表 3-2-12 泼溅液密型防护服中俄标准的比较——整体阻隔性能

国家	标准号及标准名称/产品类别	泼溅测试性能
中国	GB 24539—2009 防护服装 化学防护服通用技术要求 泼溅液密型防护服 3b 型	液体表面张力 0.032N/m ± 0.002N/m 喷射压力 300kPa 流量：1.14L/min 测试时间：1min；沾污面积小于标准沾污面积 3 倍
俄罗斯	GOST 12.4.258—2014 职业安全标准体系 防喷雾和液态气溶胶形式的毒性化学品防护服（3 类和 4 类）技术要求	液体表面张力 0.030N/m ± 0.005N/m 喷射压力 300kPa 流量 1.14L/min 测试时间：1min；沾污面积小于标准沾污面积 3 倍

第三节 医用手套

专家组针对一次性使用医用橡胶检查手套、一次性使用灭菌橡胶外科手套、一次性使用聚氯乙烯医用检查手套3类疫情防控急需的医用手套产品中俄标准进行了比对分析，共比对了3项中国标准与9项俄罗斯标准，重点比较分析了以上3类医用手套关键性技术指标分类、尺寸与公差、拉伸性能、不透水性和灭菌。具体比对分析情况如下。

一、一次性使用医用橡胶检查手套

主要比对指标：手套分类见表3-3-1，物理性能、灭菌和不透水性要求见表3-3-2，尺寸及公差见表3-3-3 ~ 表3-3-6。

表3-3-1 医用手套中俄标准比对——手套分类

国家	标准号及标准名称	手套分类
中国	GB 10213—2006 一次性使用医用橡胶检查手套 （等同采用 ISO 11193.1：2002）	类别1：主要以天然橡胶胶乳制造的手套； 类别2：主要由丁腈胶乳、氯丁橡胶胶乳，丁苯橡胶溶液，丁苯橡胶乳液或热塑性弹性体溶液制成的手套
俄罗斯	GOST R 52239—2004 一次性使用医用检查手套 第1部分：从乳胶或橡胶溶解中制成的手套的规格 （修改采用 ISO 11193.1：2002）	类别1：主要以天然橡胶胶乳制造的手套； 类别2：主要由丁腈胶乳、氯丁橡胶胶乳，丁苯橡胶溶液，丁苯橡胶乳液或热塑性弹性体溶液制成的手套
	GOST R 57397—2017 医用橡胶检查手套技术要求 （等同采用 ASTM D 3578-15）	类别1：最小拉伸强度为18MPa，500% 定伸最大应力为5.5MPa； 类别2：最小拉伸强度为14MPa，500% 定伸最大应力为2.8MPa
	GOST 32337—2013 医用丁腈检查手套技术要求 （等同采用 ASTM D 6319-15）	—
	GOST 33074—2014 医用氯丁橡胶检查手套技术要求 （等同采用 ASTM D 6977-10）	

表 3-3-2　医用手套中俄标准比对——物理性能、灭菌和不透水性要求

国家	标准号及标准名称	物理性能要求	灭菌	不透水性
中国	GB 10213—2006 一次性使用医用橡胶检查手套（等同采用 ISO 11193.1: 2002）	老化前扯断力：≥7.0N；老化前扯断伸长率：1类≥650%；2类≥500%；老化后扯断力：1类≥6.0N；2类≥7.0N；老化后扯断伸长率：1类≥500%；2类≥400%；老化条件：70℃±2℃，168h±2h	如果手套是灭菌的，应按要求标识手套灭菌处理的类型	不透水
俄罗斯	GOST R 52239—2004 一次性使用医用检查手套 第 1 部分 从乳胶或橡胶溶解中制成的手套的规格（修改采用 ISO 11193.1: 2002）	老化前扯断力：≥7.0N；老化前扯断伸长率：1类≥650%；2类≥500%；老化后扯断力：1类≥6.0N；2类≥7.0N；老化后扯断伸长率：1类≥500%；2类≥400%；老化条件：70℃±2℃，168h±2h	如果手套是灭菌的，应按要求标识手套灭菌处理的类型	不透水
	GOST R 57397—2017 医用橡胶检查手套技术要求（等同采用 ASTM D 3578-15）	老化前抗拉强度：类别 1 ≥18MPa；类别 2 ≥14MPa；老化前 500% 定伸应力：类别 1 ≤5.5MPa；类别 2 ≤2.8MPa；老化后扯断伸长率：≥650%；老化后抗拉强度：≥14MPa；扯断伸长率：≥500%；老化条件：70℃±2℃，166h±2h（参照测试）；100℃±2℃，22h±0.3h	如果手套是灭菌的，应符合美国药典最新版本规定的灭菌要求	不透水
	GOST 32337—2013 医用丁腈检查手套技术要求（等同采用 ASTM D 6319-15）	老化前拉伸强度：≥14MPa；老化前拉断伸长率：≥500%；老化后拉断力：≥14MPa；	如果手套是灭菌的，丁腈检查手套应符合美国药典，氯丁橡胶检查手套应符合美国药典最新版本规定的灭菌要求	不透水
	GOST 33074—2014 医用氯丁橡胶检查手套技术要求（等同采用 ASTM D 6977-10）	老化后扯断伸长率：≥400%；老化条件：70℃±2℃，166h±2h（参照测试）；100℃±2℃，22h±0.3h		

表 3-3-3　GB 10213—2006 医用橡胶检查手套产品尺寸公差

尺寸代码	标称尺寸	宽度 （尺寸 w）/ mm	最小长度 （尺寸 l）/ mm	最小厚度 （手指位置测量）/ mm	最大厚度 （大约在手掌的中心）/ mm
6 及 6 以下	特小（XS）	≤80	220	对所有尺寸： 光面：0.08； 麻面：0.11	对所有尺寸： 光面：2.00； 麻面：2.03
6.5	小（S）	80±5	220		
7	中（M）	85±5	230		
7.5	中（M）	95±5	230		
8	大（L）	100±5	230		
8.5	大（L）	110±5	230		
9 及以上	特大（XL）	≥110	230		

表 3-3-4　GOST R 57397—2017 医用橡胶检查手套产品尺寸公差

尺寸代码	标称宽度 / mm	宽度 / mm	最小长度 / mm	最小厚度 （手指位置测量）/mm	最小厚度 （掌心位置测量）/mm
6	特小号 70±10	75±6	220	对所有尺寸：0.08	对所有尺寸：0.08
6.5	小号 80±10	83±6	220		
7	均码 85±10	89±6	230		
7.5	大号 95±10	95±6	230		
8	特大号 111±10	102±6	230		
8.5		108±6	230		
9		114±6	230		

表 3-3-5　GOST 32337—2013 医用丁腈检查手套产品尺寸公差

尺寸代码	标称宽度 / mm	宽度 / mm	最小长度 / mm	最小厚度 （手指位置测量）/mm	最小厚度 （掌心位置测量）/mm
6	—	75±6	220	对所有尺寸：0.05	对所有尺寸：0.05
$6\frac{1}{2}$	小号 70±10	83±6	220		
7	均码 80±10	89±6	230		
$7\frac{1}{2}$	中号 85±10	95±6	230		
8	大号 95±10	102±6	230		
$8\frac{1}{2}$	特大号 110±10	108±6	230		
9	特特大号 120±10	114±6	230		

注：考虑到允许的偏差，尺寸可能介于两种尺寸之间，此时可被标记一个尺寸范围，包括两种尺寸，例如，小号/中号，中号/大号。

表 3-3-6　GOST 33074—2014 医用氯丁橡胶检查手套产品尺寸公差

尺寸代码	标称宽度/mm	宽度/mm	最小长度/mm	最小厚度（手指位置测量）/mm	最小厚度（掌心位置测量）/mm	最小厚度（袖口位置测量）/mm
6	特小号 70 ± 10	75 ± 6	220	对所有尺寸：0.05	对所有尺寸：0.05	对所有尺寸：0.05
6 $\frac{1}{2}$	小号 80 ± 10	83 ± 6	220			
7	均码 85 ± 10	89 ± 6	230			
7 $\frac{1}{2}$	中号 95 ± 10	95 ± 6	230			
8	大号 110 ± 10	102 ± 6	230			
8 $\frac{1}{2}$	特大号 120 ± 10	108 ± 6	230			
9	特特大号 130 ± 10	114 ± 6	230			

注：考虑到允许的偏差，尺寸可能介于两种尺寸之间，此时可被标记一个尺寸范围，包括两种尺寸，例如，小号/中号，中号/大号。

二、一次性使用灭菌橡胶外科手套

主要比对指标，手套分类见表 3-3-7；物理性能、灭菌和不透水性要求见表 3-3-8；尺寸及公差见表 3-3-9 ~ 表 3-3-10。

表 3-3-7　灭菌橡胶外科手套中俄标准比对——手套分类

国家	标准号及标准名称	手套分类
中国	GB 7543—2006 一次性使用灭菌橡胶外科手套（等同采用 ISO 10282：2002）	类别 1：主要以天然橡胶胶乳制造的手套； 类别 2：主要由丁腈胶乳、异戊二烯橡胶胶乳、氯丁橡胶胶乳，丁苯橡胶溶液，丁苯橡胶乳液或热塑性弹性体溶液制成的手套
俄罗斯	GOST R 57396—2017 橡胶外科手套技术要求（等同采用 ASTM3577-09）	类别 1：主要以天然橡胶胶乳制造的手套； 类别 2：以橡胶浆或合成橡胶胶乳制成的手套

表 3-3-8　灭菌橡胶外科手套中俄标准比对——物理性能、灭菌和不透水性要求

国家	标准号及标准名称	物理性能要求	灭菌	不透水性
中国	GB 7543—2006 一次性使用灭菌橡胶外科手套（等同采用 ISO 10282：2002）	老化前扯断力：1 类≥12.5N；2 类≥9N； 老化前扯断伸长率：1 类≥700%；2 类≥600%； 老化前 300% 定伸负荷：1 类≤2.0N；1 类≤3.0N； 老化后扯断力：1 类≥9.5N；2 类≥9.0N； 老化后扯断伸长率：1 类≥550%；2 类≥500%； 老化条件：70℃ ±2℃，168h ± 2h	手套应灭菌并按要求标识手套灭菌处理的类型	不透水

续表

国家	标准号及标准名称	物理性能要求	灭菌	不透水性
俄罗斯	GOST R 57396—2017 橡胶外科手套技术要求（等同采用 ASTM 3577-09）	老化前拉伸强度：类别 1 ≥24MPa；类别 2 ≥17MPa； 老化前 500% 定伸应力： 类别 1 ≤5.5MPa；类别 2 ≤7.0MPa； 老化前拉断伸长率：类别 1 ≥750%；类别 2 ≥650%； 老化后拉伸强度：类别 1 ≥18MPa；类别 2 ≥12MPa； 老化后扯断伸长率：类别 1 ≥560%；类别 2 ≥490%； 老化条件：70℃ ±2℃，166h ±2h； 参照测试：100℃ ±2℃，22h ±0.3h	手套应灭菌并符合美国药典最新版本规定的灭菌要求	不透水

表 3-3-9　GB 7543—2006 一次性使用灭菌橡胶外科手套尺寸与公差

尺寸代码	宽度（尺寸 w）/mm	最小长度（尺寸 l）/mm	最小厚度（指尖位置）/mm
5	67 ± 4	250	
5.5	72 ± 4	250	
6	77 ± 5	260	
6.5	83 ± 5	260	
7	89 ± 5	270	对于所有规格： 光面：0.10 纹理：0.13
7.5	95 ± 5	270	
8	102 ± 6	270	
8.5	108 ± 6	280	
9	114 ± 6	280	
9.5	121 ± 6	280	

表 3-3-10　GOST R 57396—2017 橡胶外科手套尺寸与公差

尺寸代码	宽度（尺寸 w）/mm	最小长度（尺寸 l）/mm	最小厚度（指尖位置）/mm	最小厚度（手掌位置）/mm	最小厚度（袖口位置）/mm
$5\frac{1}{2}$	70 ± 6	245			
6	76 ± 6	265			
$6\frac{1}{2}$	83 ± 6	265			
7	89 ± 6	265			
$7\frac{1}{2}$	95 ± 6	265	对于所有规格： 0.10	对于所有规格： 0.10	对于所有规格： 0.10
8	102 ± 6	265			
$8\frac{1}{2}$	108 ± 6	265			
9	114 ± 6	265			
$9\frac{1}{2}$	121 ± 6	265			

三、一次性使用聚氯乙烯医用检查手套

主要比对指标，物理性能、灭菌和不透水性要求见表 3-3-11；尺寸及公差见表 3-3-12 ~ 表 3-3-13。

表 3-3-11　聚氯乙烯医用检查手套中俄标准比对——物理性能、灭菌和不透水性要求

国家	标准号及标准名称	物理性能	灭菌	不透水性
中国	GB 24786—2009 一次性使用聚氯乙烯医用检查手套（修改采用 ISO 11193-2：2006）	老化前扯断力：≥4.8N；老化前拉断伸长率：≥350%；老化条件：70℃ ±2℃，168h±2h 老化前后性能不变	如果手套是灭菌的，应按要求标识手套灭菌处理的类型	不透水
俄罗斯	GOST R 57403—2017 医用聚氯乙烯手套技术要求（等同采用 ASTM 5250-06）	拉伸强度：≥11MPa；断裂伸长率：≥300%；老化条件：70℃ ±2℃，72h±2h 老化前后性能不变	如果手套是灭菌的，应符合美国药典最新版本规定的灭菌要求	不透水

表 3-3-12　GB 24786—2009 一次性使用聚氯乙烯医用检查手套尺寸与公差

尺寸代码	宽度（尺寸 w）/mm	标称尺寸	标称宽度（尺寸 w）/mm	最小长度（尺寸 w）/mm	最小厚度（指尖）/mm	最大厚度（大约在手掌的中心）/mm
6 及以下	≤82	特小（X-S）	≤80	220	光面：0.08 麻面：0.11	光面：0.22 麻面：0.23
6 $\frac{1}{2}$	83±5	小（S）	80±10	220		
7	89±5	中（M）	95±10	230		
7 $\frac{1}{2}$	95±5			230		
8	102±6	大（L）	110±5	230		
8 $\frac{1}{2}$	109±6			230		
9 及以上	≥110	特大（X-L）	≥110	230		

表 3-3-13　GOST R 57403—2017 医用聚氯乙烯手套尺寸与公差

尺寸代码	标称宽度 /mm	宽度 /mm	最小长度 /mm	最小厚度（指尖）/mm	最小厚度（大约在手掌的中心）/mm
6	小号 85 ± 5	75 ± 6	所有尺寸：230	所有尺寸：0.05	所有尺寸：0.08
6.5		83 ± 6			
7	均码 95 ± 5	89 ± 6			
7.5		95 ± 6			
8	大号 105 ± 5	102 ± 6			
8.5		108 ± 6			
9	特大号 115 ± 5	114 ± 6			

第四节　职业用眼面防护具

针对职业用眼面防护具，专家组比对了中国标准《个人用眼护具技术要求》（GB 14866—2006）、俄罗斯标准《职业安全标准体系　个人眼睛保护装置　通用技术要求》（GOST 12.4.253—2013），主要对比了屈光度、棱镜度、可见光透射比、抗高强度冲击性能、防高速粒子冲击性能、耐磨性能等主要技术指标，具体比对分析见表 3-4-1~ 表 3-4-9。

表 3-4-1 职业用眼面防护具中俄标准比对——规格/外观/屈光度

国家/地区	标准号及标准名称	参数名称		
		镜片规格	镜片外观质量	屈光度
中国	GB 14866—2006 个人用眼护具技术要求	a）单镜片：长×宽尺寸不小于：105mm×50mm；b）双镜片：圆镜片的直径不小于40mm；成形镜片的水平基准长度×垂直高度尺寸不小于：30mm×25mm	镜片表面应光滑、无划痕、波纹、气泡、杂质或其他可能有损视力的明显缺陷	镜片屈光度互差为 $^{+0.05}_{-0.07}$D
		视野	材料和表面质量	镜片屈光特性
俄罗斯	GOST 12.4.253—2013 职业安全标准体系 个人眼睛保护装置通用技术要求	将眼护具佩戴在头模上，眼护具距离头模表面25mm，眼护具的视野应该满足：椭圆的长轴为22.0mm，短轴为20.0mm。两个椭圆的圆心距 $d=c+6$mm，c 为瞳距	距离边缘5mm以上的镜片表面应无任何显著影响观察的缺陷，如气泡、刮痕、杂质、斑痕、凹痕、模逢、污垢、条纹、麻点、剥落	见下表

光学等级	球镜度/m^{-1}	柱镜度/m^{-1}	棱镜度/(cm/m)
1	±0.06	0.06	0.12
2	±0.06	0.12	0.12

表 3-4-2 职业用眼面防护具中俄标准比对——棱镜度/可见光透射比

国家/地区	标准号及标准名称	棱镜度	可见光透射比
中国	GB 14866—2006 个人用眼护具技术要求	a）平面型镜片棱镜度互差不得超过 0.125 △；b）曲面型镜片中心与其他各点之间垂直和水平棱镜度互差均不得超过 0.125 △；c）左右眼镜片的棱镜度互差不得超过 0.18 △	a）在镜片中心范围内，滤光镜可见光透射比的相对误差应符合表 3-4-3 中规定的范围；b）无色透明镜片：可见光透射比应大于 0.89

续表

国家/地区	标准号及标准名称	参数名称				
		棱镜度互差 cm/m				可见光透射比
		光学等级	水平方向 cm/m		垂直方向 cm/m	
			基底朝外	基底朝内		
俄罗斯	GOST 12.4.253—2013 职业安全标准体系 个人眼睛保护装置 通用技术要求	1	0.75	0.25	0.25	a) 镜片：防护机械伤害仪或防护化学伤害的镜片或面屏可见光透过率应大于 74.4%； b) 框架：若眼护具配备带有滤光作用的镜片，镜片框架的透过率应至少与镜片匹配； c) 镜片的 P1、P2 值应符合表 3-4-4 中范围，P3 应不超出表 3-4-4 中数值或 20% 两者较大值
		2	1.00	0.25	0.25	
		3	1.00	0.25	0.25	

表 3-4-3　GB 14866—2006 可见光透射比相对误差表

透射比	相对误差 /%
1.00 ~ 0.179	±5
0.179 ~ 0.085	±10
0.085 ~ 0.0044	±10
0.0044 ~ 0.00023	±15
0.00023 ~ 0.000012	±20
0.000012 ~ 0.00000023	±30

表 3-4-4　GOST 12.4.253—2013 可见光透过率相对误差表

可见光透过率		允许的相对误差 /%
最大 /%	最小 /%	
1.00	0.179	± 5
0.179	0.0044	± 10
0.0044	0.00023	± 15
0.00023	0.000012	± 20
0.000012	0.0000023	± 30

表 3-4-5　职业用眼面防护具国内外标准比对——抗冲击性 / 耐热性

国家 / 地区	标准号及标准名称	参数名称	
		抗冲击性能	耐热性能
中国	GB14866—2006 个人用眼护具技术要求	用于抗冲击的眼护具，镜片和眼护具应能经受 45g 钢球从 1.3m 下落的冲击	经高温处理后，应无异常现象，可见光透射比、屈光度、棱镜度满足标准要求
		增强的牢固度要求	高温稳定性
俄罗斯	GOST 12.4.253—2013 职业安全标准体系 个人眼睛保护装置 通用技术要求	用于抗冲击的眼护具，镜片和眼护具应能经受 45g 钢球从 1.3m 下落的冲击	装成的镜片经高温度处理后不应出现明显变形

表3-4-6 职业用眼面防护具中俄标准比对——耐腐蚀性/耐磨性

国家/地区	标准号及标准名称	参数名称	
		耐腐蚀性能	有机镜片表面耐磨性
中国	GB 14866—2006 个人用眼护具技术要求	眼护具的所有金属部件应呈无氧化的光滑表面	镜片表面磨损率 H 应低于 8%
俄罗斯	GOST 12.4.253—2013 个人眼睛保护装置 通用技术要求	耐腐蚀性：眼护具的所有金属部件表面应光滑，无可见的腐蚀现象	抗细颗粒表面损伤：镜片衰减亮度因数不应大于 $5cd/m^2 \cdot lx$

表3-4-7 职业用眼面防护具中俄标准比对——防高速粒子冲击性能

国家/地区	标准号及标准名称	防高速粒子冲击性能			
		眼护具类型	直径 6mm，质量约 0.86g 钢球冲击速度		
			45m/s～46.5m/s	120m/s～123m/s	190m/s～195m/s
中国	GB 14866—2006 个人用眼护具技术要求	眼镜	允许	不允许	不允许
		眼罩	允许	允许	不允许
		面罩	允许	允许	允许
俄罗斯	GOST 12.4.253—2013 职业安全标准体系 个人眼睛保护装置 通用技术要求	同国标			

表 3-4-8 职业用眼面防护具中俄标准比对——化学雾滴防护

国家/地区	标准号及标准名称	参数名称
中国	GB 14866—2006 个人用眼护具技术要求	化学雾滴防护性能
		经显色喷雾测试，若镜片中心范围内试纸无色斑出现，则认为合格
俄罗斯	GOST 12.4.253—2013 职业安全标准体系 个人眼睛保护装置 通用技术要求	液滴和液体飞溅防护
		a）在镜片中心评估区域应无粉红色或深红色出现。在护目镜边缘 6mm 内可不考虑； b）面罩应覆盖头部要的眼睛区域

表 3-4-9 职业用眼面防护具中俄标准比对——粉尘和气体防护性能

国家/地区	标准号及标准名称	参数名称	
中国	GB 14866—2006 个人用眼护具技术要求	粉尘防护性能	刺激性气体防护性能
		若测试后与测试前的反射率比大于80%，则认为合格	若镜片中心范围内试纸无色斑出现，则认为合格
俄罗斯	GOST 12.4.253—2013 职业安全标准体系 个人眼睛保护装置 通用技术要求	大颗粒粉尘防护	气体和细尘颗粒防护
		如试验后的反射率不小于试验前值的80%，则认为合格	在镜片中心评估区域应无粉红色或深红色出现。在护目镜边缘 6mm 内可不考虑

第五节　呼吸机

专家组收集、汇总并比对了中国与俄罗斯呼吸相关标准 4 项，其中：中国标准 2 项，俄罗斯标准 2 项。具体标准比对情况如下。

适用于此类呼吸机的现行有效国内标准主要有 2 项，分别为：《医用电气设备 第 1 部分：安全通用要求》（GB 9706.1—2007）和《医用电气设备 第 2 部分：呼吸机安全专用要求 治疗呼吸机》（GB 9706.28—2006）。

在通用安全方面，我国现行国家标准 GB 9706.1—2007 和俄罗斯国家标准 GOST R IEC 60601-1—2010 均采用了国际标准 IEC 60601-1，但两个国家采用的国际标准版本不一致。中国已于 2020 年 4 月 9 日发布了新版安全通用标准 GB 9706.1—2020。中俄标准比对详见表 3-5-1。

在专用标准方面，我国现行国家标准 GB 9706.28—2006 修改采用了国际标准 IEC 60601-2-12：2001，而俄罗斯国家标准 GOST R ISO 80601-2-12—2013 等同采用了国际标准 ISO 80601-2-12：2011。中国已于 2020 年 4 月 9 日发布了新版安全通用标准《医用电器设备　第 2-12 部分：重症护理呼吸机的基本安全和基本性能专用要求》（GB 9706.212—2020），该标准修改采用国际标准 ISO 80601-2-12：2011，与 ISO 80601-2-12：2011 之间无关键性技术指标差异。因此，我国新发布的国家标准与俄罗斯国家标准之间无技术性指标差异。详见表 3-5-2。

表 3-5-1　用于 ICU 重症监护室的呼吸机中俄标准比对——安全通用标准

国家	标准号	标准名称	与国际标准的对应关系
中国	GB 9706.1—2007	医用电气设备　第 1 部分：安全通用标准	IEC 60601-1：1995，IDT
俄罗斯	GOST R IEC 60601-1—2010	医用电气设备　第 1 部分：基本安全和基本性能的通用标准	IEC 60601-1：2005，IDT
差异分析	1. 各国家标准与国际标准对应关系： ——中国标准等同采用国际标准 IEC 60601-1：1995。 注：2020 年 4 月 9 日，中国发布新版呼吸机安全通用标准 GB 9706.1—2020，新标准修改采用国际标准 IEC 60601-1：2012，与国际标准相比较，没有重要技术指标的修改。 ——俄罗斯标准等同采用国际标准 IEC 60601-1：2005。 2. 国际标准各版本间比较： ——IEC 60601-1：2012 取消并代替了 IEC 60601-1：2005，而 IEC 60601-1：2005 取消并代替 IEC 60601-1：1995。 ——相对于 IEC 60601-1：1995，IEC 60601-1：2005 主要作了如下技术内容的修改： 　增加了对基本性能识别的要求； 　增加了机械安全的相关要求； 　区分了对操作者的防护和患者防护不同的要求； 　增加了防火的要求。 ——IEC 60601-1：2012 与 IEC 60601-1：2005 之间无关键性技术指标的变化		

表 3-5-2　用于 ICU 重症监护室的呼吸机中俄标准比对——专用标准

国家	标准号	标准名称	与国际标准的对应关系
中国	GB 9706.28—2006	医用电气设备　第 2 部分：呼吸机 安全专用要求　治疗呼吸机	IEC 60601-2-12：2001，MOD
俄罗斯	GOST R ISO 80601-2-12—2013	医用电气设备　第 2-12 部分：重症护理呼吸机的基本安全和基本性能专用要求	ISO 80601-2-12：2011，IDT
差异分析	1. 各国家标准与国际标准对应关系： ——中国标准修改采用国际标准 IEC 60601-2-12：2001，与国际标准相比较，没有关键性技术指标的修改。 注：2020 年 4 月 9 日，中国发布新版呼吸机专用标准 GB 9706.212—2020，新标准修改采用国际标准 ISO 80601-2-12：2011，与国际标准相比较，没有关键性技术指标的修改。 ——俄罗斯标准等同采用国际标准 ISO 80601-2-12：2011。 2. 国际标准各版本间比较： ——ISO 80601-2-12：2011 取消并代替了 IEC 60601-2-12：2001。 ——相对于 IEC 60601-2-12：2001，ISO 80601-2-12：2011 主要作了如下技术内容的修改： 　修改了适用范围，涵盖了可能影响呼吸机基本安全和基本性能的附件； 　修改了呼气支路阻塞（持续气道压力）报警状态的要求； 　进一步增加了通气性能测试要求； 　增加了机械强度（防冲击和振动）测试要求； 　增加了外壳防水要求		

第六节　测温仪

专家组收集、汇总并比对了中国与俄罗斯医用测温仪相关标准 4 项，其中：中国标准 3 项，俄罗斯标准 1 项，具体标准比对情况如下：

适用于医用测温仪现行有效国内标准主要有 3 项，分别为《医用电气设备　第 1 部分：安全通用要求》（GB 9706.1—2007）、《医用红外体温计　第 1 部分：耳腔式》（GB/T 21417.1—2008）和《医用电子体温计》（GB/T 21416—2008）。以下针对 GB 9706.1、GB/T 21417.1、GB/T 21416 与国外标准进行比对。

在通用安全方面，我国现行国家标准 GB 9706.1—2007 和俄罗斯国家标准 GOST R IEC 60601-1—2010 均采用了国际标准 IEC 60601-1，但两个国家采用的国际标准版本不一致。中国已于 2020 年 4 月 9 日发布了新版安全通用标准 GB 9706.1—2020。中俄标准比对详见表 3-6-1。

在专用标准方面，我国有两份国家推荐标准，GB/T 21417.1—2008《医用红外体温计 第 1 部分：耳腔式》和 GB/T 21416—2008《医用电子体温计》。而俄罗斯目前暂无该类设备的专用和性能标准，详见表 3-6-2。

表 3-6-1 医用测温仪中俄标准比对——安全通用标准

国家	标准号	标准名称	与国际标准的对应关系
中国	GB 9706.1—2007	医用电气设备 第 1 部分：安全通用标准	IEC 60601-1：1995，IDT
俄罗斯	GOST R IEC 60601-1—2010	医用电气设备 第 1 部分：基本安全和基本性能的通用标准	IEC 60601-1：2005，IDT
差异分析	1. 各国家标准与国际标准对应关系： ——中国标准等同采用国际标准 IEC 60601-1：1995。 注：2020 年 4 月 9 日，中国发布新版安全通用标准 GB 9706.1—2020，新标准修改采用国际标准 IEC 60601-1：2012，与国际标准相比较，没有重要技术指标的修改。 ——俄罗斯标准等同采用国际标准 IEC 60601-1：2005。 2. 国际标准各版本间比较： ——IEC 60601-1：2012 取消并代替了 IEC 60601-1：2005，而 IEC 60601-1：2005 取消并代替 IEC 60601-1：1995。 ——相对于 IEC 60601-1：1995，IEC 60601-1：2005 主要作了如下技术内容的修改： 　增加了对基本性能识别的要求； 　增加了机械安全的相关要求； 　区分了对操作者的防护和患者防护不同的要求； 　增加了防火的要求。 ——IEC 60601-1：2012 与 IEC 60601-1：2005 之间无关键性技术指标的变化		

表 3-6-2 医用测温仪中俄标准比对——专用标准

国家	标准号	指标对比	
		温度范围	最大允许误差
中国	GB/T 21416—2008	低于 35.3℃	±0.3℃
		35.3℃～36.9℃	±0.2℃
		37.0℃～39.0℃	±0.1℃
		39.1℃～41.0℃	±0.2℃
		高于 41.0℃	±0.3℃
	GB/T 21417.1—2008	在 35.0℃～42.0℃内	±0.2℃
		在 35.0℃～42.0℃外	±0.3℃
俄罗斯	ISO 80601-2-56：2017/AMD1：2018	正常使用时，额定输出范围内实验室准确度	±0.3℃
		额定输出范围外实验室准确度	±0.4℃

第七节　隔离衣、手术衣

专家组收集、汇总并比对了隔离衣、手术衣相关标准 20 项，其中：国际标准 3 项、欧盟标准 5 项、俄罗斯标准 3 项，中国国家标准 2 项（原材料）、医疗器械行业标准 7 项。针对这些标准，重点比较分析了阻隔性能（阻微生物穿透、抗渗水性）、物理性能（断裂强力、胀破强力）和微生物传递（落絮、洁净度）性能等关键性技术指标，形成比对分析情况如下。

欧盟陆续制修订并发布了《病人、医护人员和器械手术单、手术衣和洁净服》（EN 13795）系列标准。与隔离衣、手术衣相关的俄罗斯标准为 GOST EN 13795 系列标准。我国手术衣标准《病人、医护人员和器械用手术单、手术衣和洁净服》（YY/T 0506）系列标准在参考 EN 13795 系列标准的同时，增加了无菌保证等项目。而欧盟将无菌保证等项目的管理列入了欧盟指令中统一规定。因此，我国手术衣标准与欧盟标准 EN 13795 系列标准以及采用欧盟标准的俄罗斯标准主要技术指标一致，技术水平上无实质性差异。中国标准和俄罗斯标准、欧盟标准比对见表 3-7-1。

表 3-7-1　隔离衣、手术衣国内外标准比对

比对项目		中国标准 YY/T 0506系列（参照 EN 13795-1: 2011）	欧盟标准 EN 13795-1: 2019 EN 13795-2: 2019	俄罗斯标准 GOST EN 13795系列（参照 EN 13795-1: 2002、EN 13795-1: 2004 和 EN 13795-3: 2006）	差异对比
适用范围		医用手术衣、手术单和洁净服	医用手术衣、手术单和洁净服	医用手术衣、手术单和洁净服	相当于 EN 13795 的 3 个版本的比对
阻隔性能	抗渗水性	标准性能—关键区域：≥20cmH_2O 高性能—关键区域：≥100cmH_2O 非关键区域：≥10cmH_2O	标准性能—关键区域：≥20cmH_2O 高性能—关键区域：≥100cmH_2O 非关键区域：≥10cmH_2O	标准性能—关键区域：≥20cmH_2O 高性能—关键区域：≥100cmH_2O 非关键区域：≥10cmH_2O	我国与欧盟、俄罗斯一致
	阻微生物穿透力—干态	非关键区域：≤300CFU； 关键区域：不要求	非关键区域：≤300CFU； 关键区域：不要求	非关键区域：≤2log10（CFU）； 关键区域：不要求； log10（CFU）≤2 意味着最大 300CFU	我国与俄罗斯的单位不一致，三者无技术性差异
	阻微生物穿透力—湿态	标准性能—关键区域：≥2.8IB； 非关键区域：不要求	标准性能—关键区域：≥2.8IB； 非关键区域：不要求	标准性能—关键区域：≥2.8IB； 非关键区域：不要求	我国与欧盟、俄罗斯技术上一致
	阻微生物穿透力—湿态	高性能—关键区域：6.0IB； 非关键区域：不要求	高性能—关键区域：6.0IB； 非关键区域：不要求	高性能—关键区域：6.0IB； 非关键区域：不要求	
物理性能	断裂强力—干态	≥20N	≥20N	≥20N	我国与欧盟、俄罗斯一致
	断裂强力—湿态	关键区域：≥20N； 非关键区域：不要求	关键区域：≥20N； 非关键区域：不要求	关键区域：≥20N； 非关键区域：不要求	
	胀破强力—干态	≥40kPa	≥40kPa	≥40kPa	
	胀破强力—湿态	关键区域：≥40kPa； 非关键区域：不要求	关键区域：≥40kPa； 非关键区域：不要求	关键区域：≥40kPa； 非关键区域：不要求	
	透气性	若声称具有高透气性，非关键区域的透气性应≥150mm/s	作为可选试验给出了透气性的试验方法，但无要求	作为可选试验给出了透气性的试验方法，但无要求	我国给出了具体要求

续表

比对项目			中国标准 YY/T 0506 系列（参照 EN 13795-1：2011）	欧盟标准 EN 13795-1：2019 EN 13795-2：2019	俄罗斯标准 GOST EN 13795 系列（参照 EN 13795-1：2002、EN 13795-1：2004 和 EN 13795-3：2006）	差异对比 相当于 EN 13795 的 3 个版本的比对
微生物传递	落絮		≤4.0Log10（落絮计数）	≤4.0Log10（落絮计数）	≤4.0Log10（落絮计数）	我国与欧盟、俄罗斯一致
	洁净度—微粒物质		≤3.5IPM	无，已删除	≤3.5IPM	我国与俄罗斯一致
	洁净度—微生物		≤300CFU/dm²	≤300CFU/100cm²	≤2log10（CFU/100cm²）	我国与欧盟、俄罗斯单位表达不同，但无技术性差异
无菌保证			以无菌提供的应符合 YY/T 0615.1 的要求	无	无	我国独有
环氧乙烷残留			采用 EO 灭菌的，EO 残留量应 ≤5μg/g	无	无	我国独有
生物学要求			应按 GB/T 16886.1 进行生物学评价	应按 ISO 10993-1 进行生物学评价	无	我国与欧盟一致，俄罗斯标准中暂缺
关键区域的划分			标准中有具体图示和尺寸要求	有涉及，但并未详细规定	有涉及，但并未详细规定	我国与 AAMI 图示一致
规格			标准中有具体要求，并以附录的形式给出常见规格	有涉及，但并未详细规定	有涉及，但并未详细规定	我国独有
折叠			有	无	无	我国独有
系带连接牢固度			有	无	无	我国独有

第八节　防护鞋靴、防护帽

专家组收集、汇总并比对了防护鞋靴、医用防护帽产品相关标准共 18 项，其中：中国标准 6 项、俄罗斯 1 项、欧盟标准 7 项、ISO 国际标准 4 项。具体比对分析情况如下。

一、防护鞋靴标准技术指标比对分析

在防化学品鞋标准方面，目前未找到俄罗斯国家标准，现有俄罗斯职业安全标准体系中《一般工业污染安全皮鞋通用技术规范》（GOST R 12.4.187-97）与防化学品鞋要求完全不同，主要是针对皮靴做出的技术要求。我国抗化学品鞋标准为《足部防护　防化学品鞋》（GB 20265—2019），其他个体防护鞋靴标准有《个体防护装备　职业鞋》（GB 21146—2007）、《个体防护装备　防护鞋》（GB 21147—2007）、《个体防护装备　安全鞋》（GB 21148—2007）3 项，与国际标准、欧盟标准具体比对情况详见表 3-8-1～表 3-8-7。

二、防护帽国内外标准比对分析

我国医用防护帽标准为《一次性使用医用防护帽》（YY/T 1642—2019），主要规范了产品抗渗水性、透湿量、表面抗湿性、抗合成血液穿透性、过滤效率、抗静电性、静电衰减性能、断裂潜力、断裂伸长率、视窗的透光率和雾度、阻燃性能、微生物指标和环氧乙烷残留量等核心技术指标。俄罗斯标准为《医用帽技术规范》（GOST 23134-78），主要规范了医疗防治机构医务人员和患者所使用的帽子技术要求，重点对医用帽的尺寸规格、型式结构、所用材料、外观进行了规定，但防护性能无相关要求。中俄医用防护帽标准关注的技术要求不同。具体技术指标见表 3-8-8。

表 3-8-1　防护鞋靴标准主要技术指标比对——防水性

国家/地区	标准号	防水性
中国	GB 21146—2007 GB 21147—2007 GB 21148—2007	行走测试：走完 100 槽长后水透入的总面积不应超过 3cm^2。 机器测试：15min 后没有水透入发生
	GB 20265—2019	行走测试：走完 100 槽长后水透入的总面积不应超过 3cm^2。 机器测试：80min 后水透入的总面积不应超过 3cm^2
	YY/T 1633—2019	抗渗水性：材料的静水压≥1.67kPa（17cmH$_2$O） 表面抗湿性：沾水等级≥2 级

国家 / 地区	标准号	防水性
ISO	ISO 20345：2011 ISO 20346：2014 ISO 20347：2012	行走测试：走完 100 槽长后水透入的总面积不应超过 3cm^2。 机器测试：80min 后水透入的总面积不应超过 3cm^2
欧盟	EN ISO 20345：2011 EN ISO 20346：2014 EN ISO 20347：2012	行走测试：走完 100 槽长后水透入的总面积不应超过 3cm^2。 机器测试：80min 后水透入的总面积不应超过 3cm^2
俄罗斯	GOST R 12.4.187-97—2003	—

表 3-8-2　防护鞋靴标准主要技术指标比对——防漏性

国家 / 地区	标准号	防漏性
中国	GB 21146—2007 GB 21147—2007 GB 21148—2007	应没有空气泄漏
	YY/T 1633—2019	—
ISO	ISO 20345：2011 ISO 20346：2014 ISO 20347：2012	应没有空气泄漏
欧盟	EN ISO 20345：2011 EN ISO 20346：2014 EN ISO 20347：2012	应没有空气泄漏
俄罗斯	GOST R 12.4.187-97—2003	—

表 3-8-3　防护鞋靴标准主要技术指标比对——防滑性

国家 / 地区	标准号	防滑性	
中国	GB 21148—2007 GB 21147—2007 GB 21146—2007	无技术要求	
	GB 20265—2019 （2020-07-01 实施）	等级	摩擦系数技术要求
		瓷砖	脚跟前滑≥0.28，脚平面前滑≥0.32
		钢板	脚跟前滑≥0.13，脚平面前滑≥0.18
		瓷砖 + 钢板	同时满足 SRA 和 SRB
	YY/T 1633—2019	—	
ISO	ISO 20345：2011 ISO 20346：2014 ISO 20347：2012	等级	摩擦系数技术要求
		SRA	脚跟前滑≥0.28，脚平面前滑≥0.32
		SRB	脚跟前滑≥0.13，脚平面前滑≥0.18
		SRC	同时满足 SRA 和 SRB

续表

国家 / 地区	标准号	防滑性	
欧盟	EN ISO 20345：2011 EN ISO 20346：2014 EN ISO 20347：2012	等级	摩擦系数技术要求
		SRA	脚跟前滑≥0.28，脚平面前滑≥0.32
		SRB	脚跟前滑≥0.13，脚平面前滑≥0.18
		SRC	同时满足 SRA 和 SRB
俄罗斯	GOST R 12.4.187-97—2003	—	

表3-8-4 防护鞋靴标准主要技术指标比对——鞋帮透水性和吸水性

国家 / 地区	标准号	鞋帮透水性和吸水性
中国	GB 21148—2007 GB 21147—2007 GB 21146—2007	鞋帮测试样品的透水量不应高于0.2g，吸水率不应高于30%
	YY/T 1633—2019	—
ISO	ISO 20345：2011 ISO 20346：2014 ISO 20347：2012	鞋帮测试样品的透水量不应高于0.2g，吸水率不应高于30%
欧盟	EN ISO 20345：2011 EN ISO 20346：2014 EN ISO 20347：2012	鞋帮测试样品的透水量不应高于0.2g，吸水率不应高于30%
俄罗斯	GOST R 12.4.187-97—2003	—

表3-8-5 防护鞋靴标准主要技术指标比对——鞋帮撕裂性能

国家 / 地区	标准号	鞋帮撕裂性能
中国	GB 21148—2007 GB 21147—2007 GB 21146—2007	皮革≥120N 涂敷织物和纺织品≥60N
ISO	ISO 20345：2011 ISO 20346：2014 ISO 20347：2012	皮革≥120N 涂敷织物和纺织品≥60N
欧盟	EN ISO 20345：2011 EN ISO 20346：2014 EN ISO 20347：2012	皮革≥120N 涂敷织物和纺织品≥60N
俄罗斯	GOST R 12.4.187-97—2003	—

表 3-8-6 防护鞋靴标准主要技术指标比对——鞋帮拉伸性能

国家/地区	标准号	鞋帮拉伸性能
中国	GB 21148—2007 GB 21147—2007 GB 21146—2007 GB 20265—2019	皮革抗张强度≥15N/mm^2 橡胶扯断强力≥180N 聚合材料100%定伸应力 1.3N/mm^2～4.6N/mm^2 聚合材料扯断伸长率≥250%
	YY/T 1633—2019	材料断裂强力≥40N 材料断裂伸长率≥15%
ISO	ISO 20345：2011 ISO 20346：2014 ISO 20347：2012	皮革抗张强度≥15N/mm^2 橡胶扯断强力≥180N 聚合材料100%定伸应力 1.3N/mm^2～4.6N/mm^2 聚合材料扯断伸长率≥250%
欧盟	EN ISO 20345：2011 EN ISO 20346：2014 EN ISO 20347：2012	皮革抗张强度≥15N/mm^2 橡胶扯断强力≥180N 聚合材料100%定伸应力 1.3N/mm^2～4.6N/mm^2 聚合材料扯断伸长率≥250%
俄罗斯	GOST R 12.4.187-97—2003	—

表 3-8-7 防护鞋靴标准主要技术指标比对——抗化学品性能

国家/地区	标准号	抗化学品性能		
		接触时间分类	抗化学品 分级要求	化学品 测试方法
中国	GB 20265—2019	降解级 渗透级	测试化学品数量， 渗透时间分级	降解
				渗透
欧盟	EN 13832-1：2018 EN 13832-2：2018 EN 13832-3：2018	EN13832-2： 有限接触	测试化学品数量， 降解时间分级	泼溅 降解
		EN13832-3： 长时间接触	测试化学品数量， 渗透时间分级	降解
				渗透
俄罗斯	GOST R 12.4.187-97—2003	—		

表 3-8-8　医用防护帽主要技术参数对比

序号	性能指标	技术参数	
		YY/T 1633—2019	GOST 23134-78—2001
1	抗渗水性	主体材料和接缝处静水压≥1.67kPa（17cmH$_2$O）	—
2	透湿量	主体材料透湿量≥2500g/（m^2·24h）	—
3	表面抗湿性	主体材料外表面沾水等级≥3级	—
4	抗合成血液穿透性	级别1-6，压强值分别≥0～20kPa，主体材料和接缝处抗合成血穿透性≥2级	—
5	过滤效率	主体材料和成品接缝处非油性颗粒物过滤效率≥70%	—
6	抗静电性	防护帽带电量≤0.6μC/件	—
7	静电衰减性能	主体材料静电衰减时间≤0.5s	—
8	断裂强力	主体材料断裂强力≥40N	—
9	断裂伸长率	主体材料断裂伸长率≥15%	—
10	护目片的透光率	对可见光的透光率≥90%	—
11	护目片的雾度	≤4%	—
12	阻燃性能	主体材料损毁长度≤200 mm，续燃时间≤15s，阴燃时间≤10s	—
13	微生物指标	不得检出大肠菌群、绿脓杆菌、金黄色葡萄球菌、溶血性链球菌，细菌菌落总数≤200CFU/g，真菌菌落总数≤100CFU/g	—
14	环氧乙烷残留量	环氧乙烷残留量≤10μg/g	—

第九节　基础纺织材料

针对用于口罩、防护服、医用隔离衣、手术衣等物资生产的基础纺织材料，专家组收集、汇总并比对了中国和俄罗斯相关的标准。

一、基础通用标准

在中俄双方在基础通用标准方面，我国制定了《纺织品　非织造布　术语》（GB/T 5709—1997）1项国家标准，俄罗斯制定了《纺织品　非织造布　术语》（GOST R ISO 9092—2014）1项标准。我国与俄罗斯标准基本一致，皆转化自国际标准 ISO 9092。

二、基础纺织材料产品标准

在基础纺织材料产品标准方面，我国制定了《熔喷法非织造布》（FZ/T 64078—2019）、《纺粘、熔喷、纺粘（SMS）法非织造布》（FZ/T 64034—2014）和《纺粘热轧法非织造布》（FZ/T 64033—2014）3项纺织行业标准，俄罗斯无对应标准。

我国制定了《纺织品　手术防护用非织造布》（GB/T 38014—2019）和《手术衣用机织物》（FZ/T 64054—2015）2项标准，用于规范手术衣用基础材料质量要求，俄罗斯现有《病人、医护人员和器械用手术单、手术衣和洁净服　第1部分：一般要求》（GOST EN 13795-1—2011）1项标准。具体比对情况详见表 3-9-1。

三、基础纺织材料的方法标准

在基础纺织材料测试方法标准方面，我国有 26 项标准，主要为通用的非织造布系列方法标准和细颗粒物过滤性能测试方法标准，俄罗斯有 8 项标准。具体比对情况详见表 3-9-2。

表3-9-1 手术防护用基础纺织材料中俄标准比对

项目	中国					俄罗斯					
标准号	GB/T 38014—2019					GOST EN 13795-1—2011					
标准名称	纺织品 手术防护用非织造布					病人、医护人员和器械用手术单，医护人员和洁净服 第1部分：一般要求					
适用范围	本标准适用于手术衣、洁净服及手术单用的单层非织造布、复合非织造布、覆膜非织造布等					适用于病人、医护人员和器械用手术单，手术衣和洁净服，不包括对易燃产品的要求					
考核项目	指标要求				测试方法	指标要求					测试方法
分级	A	B	C	D		高性能 关键区	标准性能 关键区	高性能 非关键区	标准性能 非关键区	洁净服	
单位面积质量偏差率/%	±6				GB/T 24218.1	—	—	—	—	—	—
阻微生物穿透—干态/CFU	不要求	不要求	≤300	≤300	YY/T 0506.5	不要求	不要求	≤300	≤300	≤300	EN ISO 22612
阻微生物穿透—湿态/IB	6.0	≥2.8	不要求	不要求	YY/T 0506.6	6.0	≥2.8	不要求	不要求	—	EN ISO 22610
洁净度（微粒物质）/IPM	≤3.5	≤3.5	≤3.5	≤3.5	YY/T 0506.2	≤3.5	≤3.5	≤3.5	≤3.5	≤3.5	EN ISO 9073-10
落絮/Log10（落絮计数）	≤4.0	≤4.0	≤4.0	≤4.0	GB/T 24218.10	≤4.0	≤4.0	≤4.0	≤4.0	≤4.0	EN ISO 9073-10
静水压/cmH2O	≥100	手术衣用≥20 手术单用≥30	≥10	不要求	GB/T 24218.16	≥100	手术衣用≥20 手术单用≥30	≥10	≥10	—	EN ISO 811
胀破强度/kPa 干态	≥50	≥50	≥50	≥50	GB/T 7742.1	≥40	≥40	≥40	≥40	≥40	EN ISO 13938-1
胀破强度/kPa 湿态	≥50	≥50	不要求	不要求	GB/T 7742.1	≥40	≥40	不要求	不要求	—	EN ISO 13938-1

续表

项目	中国					俄罗斯					
标准号	GB/T 38014—2019					GOST EN 13795-1—2011					
标准名称	纺织品 手术防护用非织造布					适用于病人、医护人员和器械用手术单、手术衣和洁净服 第1部分：一般要求					
适用范围	本标准适用于手术衣、洁净服及手术单所用的单层非织造布，复合非织造布，覆膜非织造布等					适用于病人，医护人员，医护人员和器械用手术单，手术衣和洁净服，不包括对易燃产品的要求					

考核项目

中国 指标要求

分级	A	B		C		D	测试方法
断裂强力/N 干态	≥30	手术衣用 ≥30	手术单用 ≥20	手术衣用 ≥30	手术单用 ≥20	30	GB/T 24218.3
断裂强力/N 湿态	≥30	手术衣用 ≥30	手术单用 ≥20	不要求		不要求	GB/T 24218.3
抗酒精渗透性能/级	≥7	≥7		不要求		不要求	GB/T 24120
透湿量/(g/m²·24h)	手术衣用≥4000						GB/T 12704.1
耐摩擦色牢度/级	干摩：≥3；湿摩：≥3						GB/T 3920
异味	无						GB 18401
洁净度—微生物/(CFU/dm²)	≤200	≤200		≤200		≤200	YY/T 0506.7
大肠菌群	不得检出						GB 15979
致病性化脓菌	不得检出						GB 15979

俄罗斯 指标要求

项目	高性能关键区	标准性能关键区		高性能非关键区	标准性能非关键区		洁净服	测试方法
断裂强力/N 干态	≥20	手术衣用 ≥20	手术单用 ≥15	≥20	手术衣用 ≥20	手术单用 ≥15	≥20	EN ISO 29073-3
断裂强力/N 湿态	≥20	手术衣用 ≥20	手术单用 ≥15	不要求	不要求		—	EN ISO 29073-3
抗酒精渗透性能/级	—						—	—
透湿量/(g/m²·24h)	—						—	—
耐摩擦色牢度/级	—						—	—
异味	—						—	—
洁净度—微生物/(CFU/dm²)	≤300	≤300		≤300	≤300		≤300	ISO 11737-1
大肠菌群	—						—	—
致病性化脓菌	—						—	—

续表

项目	中国	俄罗斯
标准号	GB/T 38014—2019	GOST EN 13795-1—2011
标准名称	纺织品 手术防护用非织造布	病人、医护人员和器械用手术单、手术衣和洁净服 第1部分：一般要求
适用范围	本标准适用于手术衣、洁净服及手术单所用的单层非织造布、复合非织造布、覆膜非织造布等	适用于病人、医护人员和器械用手术单、手术衣和洁净服、手术衣和器械用品的要求

考核项目及指标要求

考核项目	指标要求（中国，分级）				测试方法	指标要求（俄罗斯）				测试方法
	A	B	C	D		高性能 关键区	标准性能 关键区	高性能 非关键区	标准性能 非关键区 / 洁净服	
抗静电性（表面电阻率）/（Ω）	≤1×10^{12}				GB/T 12703.4	—	—	—	—	—
燃烧性						一般要求，不包括对易燃产品的要求				—

表3-9-2 基础纺织材料的方法中俄标准比对

中国		俄罗斯	
标准号	标准名称	标准号	标准名称
GB/T 24218.2—2009（ISO 9073-02：1995）	纺织品 非织造布试验方法 第2部分：厚度的测定	GOST 15902.2—2003（ISO 9073-2：1995）	非织造布 结构性能的测定方法
GB/T 24218.3—2010（ISO 9073-03：1989）	纺织品 非织造布试验方法 第3部分：断裂强力和断裂伸长率的测定	GOST R 53226—2008（ISO 9073-3：1989）	非织造布 强度的测定方法
GB/T 24218.6—2010（ISO 9073-06：2000）	纺织品 非织造布试验方法 第6部分：吸收性的测定	GOST R 54872—2011（ISO 9073-6：2000）	非织造布及其制品 吸收性的测定方法
GB/T 24218.8—2010（ISO 9073-08：1995）	纺织品 非织造布试验方法 第8部分：液体穿透时间的测定（模拟尿液）	GOST R 54873—2011（ISO 9073-8：1995）	非织造布及其制品 液体穿透时间的测定方法
GB/T 23329—2009（ISO 9073-09：2008）	纺织品 织物悬垂性的测定	GOST R 57470—2017（ISO 9073-9：2008）	纺织品 非织造布试验方法 第9部分：悬垂性的测定

续表

中国		俄罗斯	
标准号	标准名称	标准号	标准名称
GB/T 24218.12—2012（ISO 9073-12: 2002）	纺织品 非织造布试验方法 第12部分：受压吸收性的测定	GOST R ISO 9073-12—2017	纺织品 非织造布试验方法 第12部分：受压吸收性的测定
GB/T 24218.17—2017（ISO 9073-17: 2008）	纺织品 非织造布试验方法 第17部分：抗渗水性的测定（喷淋冲击法）	GOST R ISO 9073-17—2016	纺织品 非织造布试验方法 第17部分：抗渗水性的测定（喷淋冲击法）
—		GOST R 52221—2004	非织造布 热处理后的耐热性和尺寸变化率的测定方法
GB/T 24218.1—2009（ISO 9073-01: 1989）	纺织品 非织造布试验方法 第1部分：单位面积质量的测定	—	
GB/T 3917.3—2009（ISO 9073-03: 1989）	纺织品 织物撕破性能 第3部分：梯形试样撕破强力的测定	—	
GB/T 24218.5—2016（ISO 9073-05: 2008）	纺织品 非织造布试验方法 第5部分：耐机械穿透性的测定（钢球顶破法）	—	
GB/T 18318.1—2009（ISO 9073-07: 1995）	纺织品 弯曲性能的测定 第1部分：斜面法	—	
GB/T 24218.10—2016（ISO 9073-10: 2003）	纺织品 非织造布试验方法 第10部分：干态落絮的测定	—	
GB/T 24218.11—2012（ISO 9073-11: 2002）	纺织品 非织造布试验方法 第11部分：溢流量的测定	—	
GB/T 24218.13—2010（ISO 9073-13: 2006）	纺织品 非织造布试验方法 第13部分：液体多次穿透时间的测定	—	
GB/T 24218.14—2010（ISO 9073-14: 2006）	纺织品 非织造布试验方法 第14部分：包覆材料反湿量的测定	—	

续表

中国		俄罗斯	
标准号	标准名称	标准号	标准名称
GB/T 24218.15—2018 (ISO 9073-15:2007)	纺织品 非织造布试验方法 第 15 部分:透气性的测定	—	
GB/T 24218.16—2017 (ISO 9073-16:2007)	纺织品 非织造布试验方法 第 16 部分:抗渗水性的测定（静水压法）	—	
GB/T 24218.18—2014 (ISO 9073-18:2007)	纺织品 非织造布试验方法 第 18 部分:断裂强力和断裂伸长率的测定（抓样法）	—	
GB/T 24218.101—2010	纺织品 非织造布试验方法 第 101 部分:抗生理盐水性能的测定（梅森瓶法）	—	
GB/T 38413—2019	纺织品 细颗粒物过滤性能试验方法	—	
YY/T 1632—2018	医用防护服材料的阻水性:冲击穿透测试方法	—	
YY/T 1425.1—2016	防护服材料抗注射针穿刺性能标准试验方法	—	
YY/T 0700—2008	血液和体液防护装备 防护服材料抗血液和体液穿透性能测试 合成血试验方法	—	
YY/T 0699—2008	液态化学品防护装备 防护服材料抗加压液体穿透性能测试方法	—	
YY/T 0689—2008	血液和体液防护装备 防护服材料抗血液传播病原体穿透性能测试 Phi-X174 噬菌体试验方法	—	
YY/T 1497—2016	医用防护口罩材料病毒过滤效率评价测试方法	—	
YY/T 0691—2008	传染性病原体防护装备 医用面罩抗合成血穿透性试验方法（固定体积、水平喷射）	—	

第四章 中国与印度相关标准比对分析

第一节 口罩

专家组收集、汇总并比对了中国与印度口罩标准共 7 项，具体比对分析情况如下。

一、医用外科口罩和一次性使用医用口罩

我国医用外科口罩执行《医用外科口罩》（YY 0469—2011），主要是在手术室或其他类似医疗环境使用，重点是阻隔可能飞溅的血液、体液穿过口罩污染佩戴者，关键核心指标有过滤效率、压力差、抗合成血、微生物指标、生物学评价等；一次性使用医用口罩执行《一次性使用医用口罩》（YY/T 0969—2013），使用场景是在普通医疗环境中佩戴，用于阻隔口腔和鼻腔呼出或喷出污染物。印度执行《医用纺织品 医用外科口罩 性能要求》（IS 16289—2014）标准。关键技术指标比对情况详见表 4-1-1 ～ 表 4-1-3。

二、医用防护、工业防护和民用防护口罩

我国针对医用防护、工业防护和民用防护制定了《医用防护口罩技术要求》（GB 19083—2010）、《呼吸防护 自吸过滤式防颗粒物呼吸器》（GB 2626—2019）和《日常防护型口罩技术规范》（GB/T 32610—2016）。印度执行《呼吸防护装备 过滤式颗粒物防护半面罩 性能要求》（IS 9473—2002）。中印标准过滤性能指标、呼吸阻力指标、泄漏率指标比对情况详见表 4-1-4 ～ 表 4-1-6。

表 4-1-1　医用外科及一次性医用口罩中印标准比对——过滤效率

国家	标准号	过滤效率			
中国	YY 0469—2011	细菌和非油性颗粒物	非油性颗粒过滤效率≥30%（30L/min）；细菌过滤效率≥95%		
	YY/T 0969—2013		细菌过滤效率≥95%		
印度	IS 16289—2014	细菌和油性颗粒物	细菌过滤效率 Class 1 ≥95%	细菌过滤效率 Class 2 ≥98%	细菌和油性颗粒物过滤效率 Class 3 ≥98%
差异分析	中国医用外科口罩标准和一次性医用口罩标准细菌过滤效率与印度标准中的 1 级等同				

表 4-1-2　医用外科及一次性医用口罩中印标准比对——压力差

国家	标准号	压力差（8L/min）		
中国	YY 0469—2011	≤49 Pa		
	YY/T 0969—2013	≤49 Pa		
印度	IS 16289—2014	Class 1 ≤29.4 Pa	Class 2 ≤29.4 Pa	Class 3 ≤49 Pa
差异分析	中国标准该项指标要求与印度标准的 3 级相对应			

表 4-1-3　医用外科及一次性医用口罩中印标准比对——抗合成血/微生物指标

国家	标准号	抗合成血	微生物
中国	YY 0469—2011	2mL 合成血液 16kPa 下不穿透	细菌菌落≤100CFU/g；大肠菌群、绿脓杆菌、金黄色葡萄球菌、溶血性链球菌和真菌不得检出
	YY/T 0969—2013	—	细菌菌落≤100CFU/g；大肠菌群、绿脓杆菌、金黄色葡萄球菌、溶血性链球菌和真菌不得检出
	GB 19083—2010	2mL 合成血液 10.7kPa 下不穿透	细菌菌落总数≤200CFU/g；真菌总数≤100CFU/g；大肠菌群、绿脓杆菌、金黄色葡萄球菌、溶血性链球菌不得检出
印度	IS 16289—2014	1 级和 2 级无要求，3 级 120mmHg（16kPa）下不穿透	—
差异分析	中国医用外科口罩标准抗合成血指标与印度标准 3 级要求相同；一次性医用口罩标准与印度标准的 1 级和 2 级一致，未做要求；印度医用外科口罩标准对微生物没有要求		

表4-1-4 医用防护、工业防护及民用防护口罩中印标准比对——过滤性能

国家	标准号		过滤效率			测试流量	加载与否
中国	GB 19083—2010	非油性颗粒物	1级≥95%	2级≥99%	3级≥99.97%	85L/min	否
	GB 2626—2019	KN 非油性颗粒物	KN90 ≥90%	KN95 ≥95%	KN100 ≥99.97%	85L/min	是
		KP 油性颗粒物	KP90 ≥90%	KP95 ≥95%	KP100 ≥99.97%	85L/min	是
	GB/T 32610—2016	油性和非油性颗粒物	Ⅲ级： 非油性≥90% 油性≥80%	Ⅱ级： 非油性≥95% 油性≥95%	Ⅰ级： 非油性≥99% 油性≥99%	85L/min	是
印度	IS 9473—2002	非油性颗粒物	FFP1 ≥80%	FFP2 ≥94%	FFP3 ≥97%	95L/min	否
		油性颗粒物	—	FFP2 ≥98%	FFP3 ≥99%	95L/min	否
差异分析	中国标准中各类防护口罩分级与印度标准不一致，总体上对应级别指标高于印度标准。测试方法上，中国标准流量上均采用85 L/min，与印度标准要求的95 L/min不一致；加载上，中国医用防护口罩级口罩不作加载，其他防护口罩级口罩均进行加载						

表4-1-5 医用防护、工业防护及民用防护口罩中印标准比对——呼吸阻力

国家	标准号	吸气阻力	呼气阻力
中国	GB 19083—2010	吸气阻力≤343.2Pa（85L/min）	—
	GB 2626—2019	随弃式面罩（无呼气阀），85L/min KN90/KP90 ≤170Pa ｜ KN95/KP95 ≤210Pa ｜ KN100/KP100 ≤250Pa 随弃式面罩（有呼气阀），85L/min KN90/KP90 ≤210Pa ｜ KN95/KP95 ≤250Pa ｜ KN100/KP100 ≤300Pa 可更换半面罩和全面罩，85L/min KN90/KP90 ≤250Pa ｜ KN95/KP95 ≤300Pa ｜ KN100/KP100 ≤350Pa	随弃式面罩（无呼气阀），85L/min KN90/KP90 ≤170Pa ｜ KN95/KP95 ≤210Pa ｜ KN100/KP100 ≤250Pa 随弃式面罩（有呼气阀），85L/min ≤150Pa 可更换半面罩和全面罩，85L/min ≤150Pa
	GB/T 32610—2016	吸气 ≤175Pa, 85L/min	呼气 ≤145Pa, 85L/min
印度	IS 9473—2002	30L/min FFP1 ≤60Pa ｜ FFP2 ≤70Pa ｜ FFP3 ≤100Pa 95L/min FFP1 ≤210Pa ｜ FFP2 ≤240Pa	160L/min ≤300Pa
差异分析		印度标准该指标与欧盟标准完全相同，吸气阻力在30L/min和95L/min两种流量下根据过滤效率不同进行了差异化要求；中国工业防护口罩标准规定在85L/min流量下根据过滤效率不同进行了差异化要求；中国民用防护口罩标准也是在85L/min流量下检测呼吸阻力指标；中国医用防护口罩标准不检测呼气阻力。	

表4-1-6 医用防护、工业防护及民用防护口罩中印标准比对——泄漏率/防护效果

国家	标准号	泄漏率/防护效果					
中国	GB 19083—2010	用总适合因数进行密合性评价。选10名受试者，作6个规定动作，应至少有8名受试者总适合因数≥100					
	GB 2626—2019	泄漏率	50个动作至少有46个动作的泄漏率			10个受试者中至少有8个人的泄漏率	
			随弃式	可更换式半面罩	全面罩（每个动作）	随弃式	可更换式半面罩
		KN90/KP90	<13%	<5%	<0.05%	<10%	<2%
		KN95/KP95	<11%	<5%	<0.05%	<8%	<2%
		KN100/KP100	<5%	<5%	<0.05%	<2%	<2%
	GB/T 32610—2016	头模测试防护效果：A级：≥90%；B级：≥85%；C级：≥75%；D级：≥65%					
印度	IS 9473—2002	总泄漏率	50个动作至少有46个动作的泄漏率			10个人至少有8个人的泄漏率均值	
		FFP1	≤25%			≤22%	
		FFP2	≤11%			≤8%	
		FFP3	≤5%			≤2%	
差异分析		印度标准该项指标与欧盟标准完全相同。中国工业防护口罩标准测试总泄漏率，与印度标准相比，根据产品过滤效率不同进行了差异化要求；民用口罩标准采用的测试方法，与印度标准不同，测试防护效果；医用防护口罩标准用适合因数进行密合性检测，与印度标准也不同					

第二节　防护服

　　针对防护服产品，专家组收集、汇总并比对了中国与印度标准 3 项。

　　在化学防护服方面，我国标准为《防护服装　化学防护服通用技术要求》（GB 24539—2009），印度标准为《化学防护服规范》（IS 15071—2002）。中印化学防护服标准的物理机械性能、面料阻隔性能、服装整体阻隔性能等指标比对情况详见表 4-2-1 ～ 表 4-2-3。

　　在医用防护服方面，我国执行《医用一次性防护服技术要求》（GB 19082—2009），未检索到印度的相关标准，因此未对医用防护服标准进行比对分析。

表4-2-1　化学防护服中印标准比对——物理机械性能

国家	标准号/产品类型	耐磨损性能	耐屈挠破坏性能	撕破强力	断裂强力	抗刺穿性能	接缝强力	耐低温耐高温性能
中国	GB 24539—2009 气密型防护服 1-ET	≥3级 （>500圈）	有限次使用≥1级 （>1000次） 重复使用≥4级 （>15000次）	≥3级 （>40N）	有限次使用≥3级 （>100N） 重复使用≥4级 （>250N）	≥3级 （>50N）	≥5级 （>300N）	面料经70℃或-40℃预处理8h后，断裂强力下降≤30%
	GB 24539—2009 非气密型防护服 2-ET	≥3级 （>500圈）	有限次使用≥1级 （>1000次） 多次使用≥4级 （>15000次）	≥3级 （>40N）	有限次使用≥3级 （>100N） 多次使用≥4级 （>250N）	≥2级 （>10N）	≥5级 （>300N）	面料经70℃或-40℃预处理8h后，断裂强力下降≤30%
	GB 24539—2009 喷射液密型防护服 3a 喷射液密型防护服 3a-ET	≥3级 （>500圈）	≥1级 （>1000次）	≥1级 （>10N）	≥1级（>30 N）	≥1级 （>5N）	≥1级 （>30N）	面料经70℃或-40℃预处理8h后，断裂强力下降≤30%
	GB 24539—2009 喷射液密型防护服 3b 颗粒物防护服 4型	≥1级 （>10圈）	≥1级 （>1000次）	≥1级 （>10N）	≥1级 （>30N）	≥1级 （>5N）	≥1级 （>30N）	面料经70℃或-40℃预处理8h后，断裂强力下降≤30%
印度	IS 15071—2002 1型（渗透性能>6h） 2型（2h≤渗透性能≤6h） 3型（12min≤渗透性能≤2h） 4型（渗透性能≤12min）	克重 ≥300g/m²	—	—	经向：12kg/cm²； 纬向：8kg/cm²	—	受力部位接缝 ≥185N； 其他部位接缝 ≥185N	清洗之后尺寸变化率 纵向：±3%； 横向：±3%
差异分析	印度标准对面料的物理机械性能要求项目比较少，只有断裂强力和接缝强力，两个技术要求数值较高但与中国标准测试方法不同。印度标准要求面料克重≥300g/m²，中国标准没有要求。印度标准要求面料在清洗特定次数后尺寸变化在±3%以内，而中国标准要求面料耐高温或耐低温后，断裂强力下降不得大于30%							

表 4-2-2 化学防护服中印标准比对——面料阻隔性

国家	标准号／产品类型	渗透性能	液体耐压穿透性能	接缝渗透性能	接缝液体耐压渗透性能	拒液性能
中国	GB 24539—2009 气密型防护服 1-ET（应急救援响应队用）	测试 15 种气态和液态化学品的渗透性能，每种化学品渗透性能≥3 级（>60min）	从 15 种气态和液态化学品中至少选 3 种液态化学品进行测试，耐压穿透性能≥1 级（>3.5kPa）	测试 15 种气态和液态化学品的渗透性能，每种化学品渗透性能≥3 级（>60min）	从 15 种气态和液态化学品中至少选 3 种液态化学品进行测试，耐压穿透性能≥1 级（>3.5kPa）	—
	GB 24539—2009 非气密型防护服 2-ET	测试 12 种液态化学品的渗透性能，每种化学品渗透性能≥3 级（>60min）		测试 12 种液态化学品的渗透性能，每种化学品渗透性能≥3 级（>60min）	—	—
	GB 24539—2009 喷射液密型防护服 3a-ET（应急救援响应队用）	从 15 种气态和液态化学品中至少选 1 种液态化学品进行测试，渗透性能≥3 级（>60min）	从 15 种气态和液态化学品中至少选 3 种液态化学品进行试验，耐压穿透性能≥3 级（>3.5kPa）	从 15 种气态和液态化学品中至少选 1 种液态化学品进行测试，渗透性能≥3 级（>60min）	从 15 种气态和液态化学品中至少选 3 种化学品进行试验，耐压穿透性能≥1 级（>3.5kPa）	—
	GB 24539—2009 喷射液密型防护服 3a		—	—		—
	GB 24539—2009 泼溅液密型防护服 3b 型	从 15 种气态和液态化学品中至少选 1 种液态化学品进行测试，渗透性能≥1 级（>10min）			从 15 种气态和液态化学品中至少选 1 种液态化学品进行试验，耐压穿透性能≥1 级（>3.5kPa）	拒液指数≥1 级（>80%）穿透指数≥1 级（<10%）4 种规定化学品中至少 1 种

续表

国家	标准号/产品类型	渗透性能	液体耐压穿透性能	接缝渗透性能	接缝液体耐压渗透性能	拒液性能
中国	GB 24539—2009 颗粒物防护服 4 型	面料耐固体颗粒物穿透性能 ≥70%	面料耐静水压 面料的耐静水压 ≥1级（>1.0kPa）；耐磨测试后，下降率不得大于50%	—	—	—
印度	IS 15071—2002/1 型	>6h	—	>6h	—	—
	IS 15071—2002/2 型	2h ~ 6h	—	2h ~ 6h	—	—
	IS 15071—2002/3 型	12min ~ 2h	—	12min ~ 2h	—	—
	IS 15071—2002/4 型	≤12min	—	≤12min	—	—
差异分析	印度标准的耐化学性只有耐化学性品渗透的要求，以突破时间为判断化学品渗透的要求。中国标准以 BT1.0 的突破时间为判断标准，对渗透性能划分成 6 个级别，但是印度的突破时间判断标准既不是 BT1.0，也不是 BT0.1，而是自己的计算方法。根据测试曲线进行推导而得（具体参见标准）。印度标准关于化学品种类在标准里有推荐，但是没有强制说明需要测试的化学品种类和数量					

表4-2-3 化学防护服中印标准比对——整体阻隔性能

国家	标准号及名称/产品类别	参数名称	
		气密性	液体泄漏性能
中国	GB 24539—2009 气密型防护服 1-ET	向衣服内通气至压力1.29 kPa，保持1min，调节压力至1.02 kPa，保持4min，压力下降不超过20%	喷淋测试，60min 无穿透
	GB 24539—2009 非气密型防护服 2-ET	—	液体泄漏性能 喷淋测试，20min 无穿透
	GB 24539—2009 喷射液密型防护服 3a-ET（应急救援响应队用）喷射液密型防护服 3a	液密喷射测试 液体表面张力 0.032±0.002N/m，喷射压力 150kPa，沾污面积小于标准沾污面积3倍	—
	GB 24539—2009 泼溅液密型防护服 3b 型	液密泼溅测试 液体表面张力 0.032±0.002N/m，喷射压力 300kPa，流量：1.14L/min；测试时间：1min，沾污面积小于标准沾污面积3倍	—
	GB 24539—2009 颗粒物防护服 4 型	整体颗粒向内泄露测试 $L_{jmn,\ 82/90} \leq 30\%$；$L_{S,\ 8/10} \leq 15\%$	—
印度	IS 15071—2002 1型；2型；3型；4型	气密性测试 如果防护服是气密型防护服，需要进行气密性测试：向衣服内通气至压力 180mm 水柱，保持10min，调节压力至 170mm 水柱，保持6min，压力下降不超过20mm 水柱	—
差异分析	中国标准根据防护服类型（气密型、非气密型、喷射液密型、泼溅液密型、防固体颗粒物）分别规定了气密性、液体泄露性能、喷射液密性、泼溅液密性测试要求。印度标准只对气密性设计的防护服要求进行气密性测试，测试程序与测试参数与中国标准不同，对其他设计的防护服没有整体性能测试要求		

第三节　医用手套

针对医用手套产品，专家组收集、汇总并比对了中国与印度标准 5 项，其中：中国标准 3 项，印度标准 2 项，具体比对分析情况如下。

一、一次性使用医用橡胶检查手套

中国执行的《一次性使用医用橡胶检查手套》（GB 10213—2006）与印度执行的《一次性使用医学检查手套》（IS 15354-1—2018）均等同采用 ISO 11193.1，但采用版本不同。两国标准技术指标要求一致，但尺寸与公差要求略有区别。尺寸与公差比对详见表 4-3-1。

二、一次性使用聚氯乙烯医用检查手套

中国执行《一次性使用聚氯乙烯医用检查手套》（GB 24786—2009），印度执行《一次性医用检查手套　第 2 部分：聚氯乙烯手套规范》（IS 15354-2—2018）。中国标准修改采用 ISO 11193-2：2006，印度标准等同采用 ISO 11193-2：2006。两国标准技术指标要求（分类、应用场合、材料、灭菌、尺寸和不透水性）一致，但物理性能指标要求有所区别，详见表 4-3-2。

三、一次性使用灭菌橡胶外科手套

中国执行《一次性使用灭菌橡胶外科手套》（GB 7543—2006），未检索到印度有相关标准。

表4-3-1 一次性使用医用橡胶检查手套中印标准比对——尺寸与公差

国家	标准号	尺寸代码	标称宽度（尺寸 w）/mm	标称尺寸	宽度（尺寸 w）/mm	最小长度（尺寸 l）/mm	最小厚度（手指位置测量）/mm	最大厚度/（大约在手掌的中心）/mm
中国	GB 10213—2006	6 及以下	—	特小（XS）	≤80	220	对所有尺寸：光面：0.08 麻面：0.11	对所有尺寸：光面：2.00 麻面：2.03
		6.5	—	小（S）	80±5	220		
		7	—	中（M）	85±5	230		
		7.5	—	中（M）	95±5	230		
		8	—	大（L）	100±5	230		
		8.5	—	大（L）	110±5	230		
		9 及以上	—	特大（XL）	≥110	230		
印度	IS 15354-1—2018	6 及以下	≤82	特小（XS）	≤80	220	对所有尺寸：光面：0.08 麻面：0.11	对所有尺寸：光面：2.00 麻面：2.03
		6.5	83±5	小（S）	80±5	220		
		7	89±5	中（M）	95±5	230		
		7.5	95±5	中（M）	95±5	230		
		8	102±6	大（L）	110±5	230		
		8.5	109±6	大（L）	110±5	230		
		9 及以上	≥110	特大（XL）	≥110	230		

表 4-3-2 一次性使用聚氯乙烯医用检查手套中印标准比对——物理性能、灭菌和不透水性

国家	标准号	物理性能	灭菌	不透水性
中国	GB 24786—2009 （修改采用 ISO 11193-2：2006）	老化前扯断力：≥4.8N 老化前拉断伸长率：≥350% 老化条件：70℃±2℃，168 h±2h 老化后性能不变	如果手套是灭菌的，应按要求标识手套灭菌处理的类型	不透水
印度	IS 15354-2—2018 （等同采用 ISO 11193-2：2006）	老化前扯断力：≥7.0N 老化前拉断伸长率：≥350% 老化条件：70℃±2℃，168h±2h 老化后性能不变	如果手套是灭菌的，应符合美国药典最新版本规定的灭菌要求	不透水
差异分析	中国标准修改采用国际标准 11193.2：2006，将最小扯断力由 7.0N 修改为 4.8N。印度标准与国际标准的要求一致，仍保留最小扯断力为 7N 的要求			

129

第四节　职业用眼面防护具

　　针对职业用眼面防护具，专家组收集、汇总并比对了中国与印度标准 2 项，其中：中国国家标准 1 项 GB 14866—2006《个人用眼护具技术要求》，印度标准 1 项《护目镜》(IS 5983—1980)。

　　比对分析中选择镜片规格、镜片外观质量、屈光度、棱镜度、可见光透射比、冲击性能、耐热性能、耐腐蚀性能、镜片耐磨性、防高速粒子冲击性能、化学雾滴防护性能、粉尘防护性能和刺激性气体防护性能共 13 技术指标，具体比对情况见表 4-4-1 ~ 表 4-4-5。

表4—4—1　职业用眼面防护具中印标准比对——镜片规格、外观、屈光度、棱镜度

国家	标准号	镜片规格	镜片外观质量	屈光度	棱镜度
中国	GB 14866—2006	a）单镜片：长×宽尺寸不小于：105mm×50mm； b）双镜片：圆镜片的直径不小于40mm；成形镜片的水平基准长度×垂直高度尺寸不小于：30mm×25mm	镜片表面应光滑、无划痕、波纹、气泡、杂质或其他的明显能有损视力的明显缺陷	镜片屈光度互差为 $^{+0.05}_{-0.07}D$	a）平面型镜片棱镜度互差不得超过0.125△； b）曲面型镜片的镜片中心与其他各点之间和水平和垂直和棱镜度互差均不得超过0.125△； c）左右眼镜片的棱镜度互差不得超过0.18△
印度	IS 5983—1980	a）杯形眼镜：每个镜片的基准长度不小于50mm； b）眼镜：每个镜片的基准长度不小于42mm，高度不小于32mm； c）夹片镜片：每个目镜的基准长度不小于42mm，垂直高度不小于32mm； d）面屏：透明护目镜垂直高度不小于100mm； e）框架式工作服护目镜：成对安装的镜片基准长度应不小于50mm	除距边缘5mm宽的区域外，镜片应无任何有损视力的明显缺陷，如气泡、划痕、夹杂物、钝点、孔洞、模痕、刻痕或其他由制造工艺引起的缺陷	（见下表）	（见下表）

印度 IS 5983—1980 屈光度：

镜片材质	球镜度 m^{-1}	柱镜度 m^{-1}	棱镜度/（cm/m）
玻璃镜片	±0.06	0.06	0.12
有机材质镜片	±0.12	0.12	0.25

印度 IS 5983—1980 棱镜度：

镜片材质	水平方向/（cm/m） 基底朝外	水平方向/（cm/m） 基底朝内	垂直方向/（cm/m）
复合夹层镜片	1.00	0.25	0.25

差异分析：中国标准与印度标准在镜片规格和外观质量两个项目上无显著差异，而屈光度和棱镜度指标考核选择的技术参数不同。中国标准并未分光学等级，且主要采用互差限值的方式进行规定。印度标准的光度要求根据镜片材质不同而不同。从技术要求来看，两者对镜片的屈光度和棱镜度技术要求差异并不显著，由于中国没有镜片材质的区分，对于某些镜片要求更高

表4-4-2 职业用眼面防护具中印标准比对——可见光透射比、抗冲击、耐热性能

国家	标准号	可见光透射比	抗冲击性能	耐热性能
中国	GB 14866—2006	a）在镜片中心范围内，滤光镜可见光透射比的相对误差应符合表4-4-3 中规定的范围； b）无色透明镜片：可见光透射比应不大于 0.89	用于抗冲击的眼护具，镜片和眼护具应能经受 45g 钢球从 1.3m 下落的冲击	经（67 ℃ ±2 ℃）高温处理后，应无异常现象，可见光透射比、屈光度、棱镜度满足标准要求
印度	IS 5983—1980	a）5mm 光束透射相对误差应符合表 4-4-4 中规定的范围； b）无滤光作用的镜片，其透射比应在 1.2 号遮光号范围内（74.4%～100%）	用于抗冲击的眼护具，镜片和眼护具应能经受 44g 钢球从 1.27m～1.3m 下落的冲击	经（55 ℃ ±2 ℃）高温处理后，应无明显变形和异常出现，光学性能应满足标准要求
差异分析		中国标准和印度标准在可见光透射比、抗冲击性能和耐热性能试验方法上无显著区别，但中国标准对无色镜片的透射比要求高于印度标准，且耐热性能项目中国标准处理温度高于印度标准 12 ℃		

表4-4-3 GB 14866—2006 可见光透射比相对误差

透射比	相对误差 /%
1.00～0.179	±5
0.179～0.085	±10
0.085～0.0044	±10
0.0044～0.00023	±15
0.00023～0.000012	±20
0.000012～0.00000023	±30

表 4-4-4 IS 5983—1980 5mm 光束透射比相对误差

透射比 /%		允许的相对误差 /%
最大	最小	
100	17.9	5
17.9	8.5	10
8.5	0.44	10
0.44	0.023	15
0.023	0.0012	20
0.0012	0.000023	30

表 4-4-5 职业用眼面防护具中印标准比对——耐腐蚀及其他性能

国家	标准号	耐腐蚀性能	有机镜片表面耐磨性	防高速粒子冲击性能				化学雾滴防护性能	粉尘防护性能	刺激性气体防护性能
				眼护具类型	直径6mm，质量约0.86g 钢球冲击					
					45m/s~46.5m/s	120m/s~23m/s	190m/s~195m/s			
中国	GB 14866—2006	眼护具的所有金属部件应呈无氧化呈光滑的表面	镜片表面磨痕率 H 应低于 8%	眼镜	允许	不允许	不允许	经显色喷雾测试，若镜片中心范围内试纸无色斑点出现，则认为合格	若测试后与测试前的反射率比大于 80%，则认为合格	若镜片中心范围内试纸无色斑出现，则认为合格
				眼罩	允许	允许	不允许			
				面罩	允许	允许	允许			
印度	IS 5983—1980	眼护具的所有金属部件应呈无氧化呈光滑的表面	—	直径6mm 钢球冲击，冲击速度 190m/s~ 195m/s				经显色喷雾测试，若镜片中心范围内试纸变色超过允许的范围，则认为合格	试验后的反射率不小于试验前值的 80%，则认为合格	除镜片边缘 6mm 外的防护范围内试纸无色斑出现，则认为合格
差异分析	中国标准和印度标准在耐腐蚀性能、防高速粒子冲击性能、化学雾滴防护性能、粉尘防护性能和刺激性气体防护性能的试验方法上无显著区别，但印度标准对镜片耐磨性并未规定，而对于防高速粒子防护性能根据用途分为三个速度段进行冲击，中国标准仅对高速粒子防护性能的进行冲击									

第五节　消毒剂标准

专家组收集、汇总并比对了中国与印度消毒剂标准 56 项，其中：中国消毒领域标准 55 项，包括基础标准 4 项、应用标准 5 项、产品标准 32 项和检验方法 14 项；印度只有 1 项消毒剂标准 IS 1061—2017。我国与 IS 1061—2017 类似的标准为《酚类消毒剂卫生要求》（GB 27947—2011），具体比对情况见表 4-5-1。

表 4-5-1　酚类消毒剂中印标准比对

项目	内容差异分析	
标准号	GB 27947—2011	IS 1061—2017
原料要求	对八种原料提出要求，包括苯酚、甲酚、二甲酚、对氯间二甲苯酚、三氯羟基二苯醚、乙醇、异丙醇、生产用水	分为黑色液体和白色液体两类，对不同颜色液体提出相应要求，同时列出配方中可能包含的各种成分名称
实验菌种	大肠杆菌、金黄色葡萄球菌、铜绿假单胞菌、白色念珠菌	伤寒沙门氏菌（NCTC 786）金黄色葡萄球菌（MTCC 3160）
杀灭微生物方法	悬液法或载体法以杀灭对数值判定结果	稀释后定性杀菌实验以定性结果的杀菌等级判定结果
稳定性	产品在常温避光条件下储存，有效期应不低于 1 年，储存期间有效成分含量下降率应≤10%，且产品外观不发生明显改变	用固定方法进行测试，按照结果来评价
标签	按《消毒产品标签说明书管理规范》执行	对容器应清晰标识的信息进行规定，如产品名称、制造商的名称和地址、材料等级、批号或编号等
包装	符合 GB/T 191 规定要求	应装在合适的容器，以防腐蚀或在储存过程中不会发生反应，不得使用镀锌铁皮容器

第六节　呼吸机

专家组收集、汇总并比对了中国和印度呼吸机相关标准 4 项，其中：中国标准 2 项，印度标准 2 项。具体标准比对情况如下。

在通用安全方面，我国现行国家标准《医用电气设备　第 1 部分：安全通用要求》（GB 9706.1—2007）和印度国家标准《医用电气设备　第 1 部分：基本安全和基本性能的通用标准》（IS 13450：Part 1：2018）均采用了国际标准 IEC 60601-1，但采用版本不同。中国等同采用 IEC 60601-1：1995，印度则采用了 IEC 60601-1：2012。此外，中国于 2020 年 4 月 9 日发布了新版 GB 9706.1—2020，修改采用 IEC 60601-1：2012。各标准关键技术指标差异比对详见表 4-6-1。

在专用标准方面，我国现行国家标准《医用电气设备　第 2 部分：呼吸机安全专用要求　治疗呼吸机》（GB 9706.28—2006）修改采用了国际标准 IEC 60601-2-12：2001，而印度国家标准《医疗电气设备　第 2-12 部分：重症护理呼吸机的基本安全和基本性能专用要求》（IS/ISO 80601：Part2：Sec12：2011）等同采用了国际标准 ISO 80601-2-12：2011。两国标准关键性技术指标差异详见比对表 4-6-2。此外我国已于 2020 年 4 月 9 日发布了新版 GB 9706.212—2020，修改采用 ISO 60601-2-12：2011（未修改关键性技术指标），因此我国新标准与印度标准将无技术性指标差异。

表 4-6-1　用于 ICU 重症监护室的呼吸机中印安全通用标准比对

国家	标准号	标准名称	与国际标准的对应关系
中国	GB 9706.1—2007	医用电气设备　第 1 部分：安全通用标准	IEC 60601-1：1995，IDT
印度	IS 13450：Part 1：2018	医用电气设备　第 1 部分：基本安全和基本性能的通用标准	IEC 60601-1：2012，IDT
差异分析	1. 各国家标准与国际标准对应关系： ——中国标准等同采用国际标准 IEC 60601-1：1995。 注：2020 年 4 月 9 日，中国发布新版呼吸机安全通用标准 GB 9706.1—2020，新标准修改采用国际标准 IEC 60601-1：2012，与国际标准相比较，没有重要技术指标的修改。 ——印度国家标准等同采用国际标准 IEC 60601-1：2012。 2. 国际标准各版本间比较： ——IEC 60601-1：2012 取消并代替了 IEC 60601-1：2005，而 IEC 60601-1：2005 取消并代替 IEC 60601-1：1995。 ——相对于 IEC 60601-1：1995，IEC 60601-1：2005 主要作了如下技术内容的修改： 　　增加了对基本性能识别的要求； 　　增加了机械安全的相关要求； 　　区分了对操作者的防护和患者防护不同的要求； 　　增加了防火的要求。 ——IEC 60601-1：2012 与 IEC 60601-1：2005 之间无关键性技术指标的变化			

表 4-6-2　用于 ICU 重症监护室的呼吸机中印专用标准比对

国家	标准号	标准名称	与国际标准的对应关系
中国	GB 9706.28—2006	医用电气设备　第 2 部分：呼吸机安全专用要求　治疗呼吸机	IEC 60601-2-12：2001，MOD
印度	IS/ISO 80601：Part2：Sec12：2011	医疗电气设备　第 2-12 部分：重症护理呼吸机的基本安全和基本性能专用要求	ISO 80601-2-12：2011，IDT
差异分析		1. 各国家标准与国际标准对应关系：	

差异分析	1. 各国家标准与国际标准对应关系： ——中国标准修改采用国际标准 IEC 60601-2-12：2001，与国际标准相比较，没有关键性技术指标的修改。 注：2020 年 4 月 9 日，中国发布新版呼吸机专用标准 GB 9706.212—2020，新标准修改采用国际标准 ISO 80601-2-12：2011，与国际标准相比较，没有关键性技术指标的修改。 ——印度国家标准等同采用国际标准 ISO 80601-2-12：2011。 2. 国际标准各版本间比较： ——ISO 80601-2-12：2011 取消并代替了 IEC 60601-2-12：2001，相对于 IEC 60601-2-12：2001，ISO 80601-2-12：2011 主要作了如下技术内容的修改： 　修改了适用范围，涵盖了可能影响呼吸机基本安全和基本性能的附件； 　修改了呼气支路阻塞（持续气道压力）报警状态的要求； 　进一步增加了通气性能测试要求； 　增加了机械强度（防冲击和振动）测试要求； 　增加了外壳防水要求。 ——ISO 80601-2-12：2011 与 IEC 60601-2-12：2001 之间无关键性技术指标的变化

第七节　测温仪

专家组收集、汇总并比对了中国与印度医用测温仪相关标准 5 项，其中：中国标准 3 项，印度标准 2 项。具体标准比对情况如下。

在通用安全方面，我国现行国家标准《医用电气设备　第 1 部分：安全通用要求》（GB 9706.1—2007）和印度国家标准《医用电气设备　第 1 部分：基本安全和基本性能的通用标准》（IS 13450：Part1：2018）均采用了国际标准 IEC 60601-1，但两国采用的版本不同。中国等同采用 IEC 60601-1：1995，印度修改采用 IEC 60601-1：2012。中印标准的关键性技术指标差异详见比对表 4-7-1。此外中国于 2020 年 4 月 9 日发布新版 GB 9706.1—2020，修改采用国际标准 IEC 60601-1：2012。

在专用标准方面，我国推荐执行《医用红外体温计　第1部分：耳腔式》（GB/T 21417.1—2008）和《医用电子体温计》（GB/T 21416—2008）；印度现行标准为《医用电气设备　第2-56部分：体温测量用临床体温计的基本安全和基本性能专用要求》（IS 80601：Part2：Sec56），具体比对情况见表4-7-2、表4-7-3。

表4-7-1　医用测温仪中印安全通用标准比对

国家	标准号	标准名称	与国际标准的对应关系
中国	GB 9706.1—2007	医用电气设备　第1部分：安全通用标准	IEC 60601-1：1995，IDT
印度	IS 13450：Part1：2018	医用电气设备　第1部分：基本安全和基本性能的通用标准	IEC 60601-1：2012，MOD
差异分析	1. 各国家标准与国际标准对应关系： ——中国标准等同采用国际标准 IEC 60601-1：1995。 注：2020年4月9日，中国发布新版安全通用标准 GB 9706.1—2020，新标准修改采用国际标准 IEC 60601-1：2012，与国际标准相比较，没有重要技术指标的修改。 ——印度标准修改采用国际标准 IEC 60601-1：2012。印度标准在 IEC 标准基础上根据本国情况做了部分修改，但内容基本一致。 2. 国际标准各版本间比较： ——IEC 60601-1：2012 取消并代替了 IEC 60601-1：2005，而 IEC 60601-1：2005 取消并代替 IEC 60601-1：1995。 ——相对于 IEC 60601-1：1995，IEC 60601-1：2012 主要作了如下技术内容的修改： 增加了对基本性能识别的要求； 增加了机械安全的相关要求； 区分了对操作者的防护和患者防护不同的要求； 增加了防火的要求		

表4-7-2　医用测温仪中印标准比对——红外测温仪

国家	标准号	比对项目		温度显示范围
		最大允许误差		
中国	GB/T 21417.1—2008	在 35.0℃～42.0℃内	±0.2℃	不窄于 35.0℃～42.0℃
		在 35.0℃～42.0℃外	±0.3℃	
印度	IS 80601：Part2：Sec56	正常使用时，额定输出范围内实验室准确度	±0.3℃	不窄于 34.0℃～43.0℃
		额定输出范围外实验室准确度	±0.4℃	

表 4-7-3　医用测温仪中印标准比对——电子测温仪

国家	标准号	比对项目		温度显示范围
		最大允许误差		温度显示范围
中国	GB/T 21416—2008	低于 35.3℃	± 0.3℃	不窄于 35.0℃ ~ 41.0℃
		35.3℃ -36.9℃	± 0.2℃	
		37.0℃ -39.0℃	± 0.1℃	
		39.1℃ -41.0℃	± 0.2℃	
		高于 41.0℃	± 0.3℃	
		额定输出范围外实验室准确度：	± 0.4℃	
印度	IS 80601：Part2：Sec56	正常使用时，额定输出范围内实验室准确度	± 0.3℃	不窄于 34.0℃ ~ 43.0℃
		额定输出范围外实验室准确度	± 0.4℃	

第八节　基础纺织材料

针对用于口罩、防护服、医用隔离衣、手术衣等物资生产的基础纺织材料，专家组收集、汇总并比对了中国与印度标准 46 项，其中：中国标准 43 项，包括：基础通用标准 2 项，产品标准 6 项，方法标准 35 项，印度标准 3 项，均为方法标准。具体比对分析情况如下。

在基础通用标准方面，我国制定了《纺织品　非织造布　术语》（GB/T 5709—1997）、《非织造布　疵点的描述　术语》（FZ/T 01153—2019）2 项标准，未检索到印度基础通用术语标准。

中印在医用基础纺织材料产品标准方面，我国有 6 项标准，涉及口罩用、防护服用、隔离衣用、手术防护用等基础纺织材料，未检索到印度医用防护纺织材料产品标准。

在基础纺织材料方法标准方面，印度现有 3 项标准，我国均有相对应的标准。我国现行 35 项标准与印度及其他国外标准对应情况见表 4-8-1。

表 4-8-1 中国与印度及其他国际基础纺织材料方法标准对应表

测试项目	中国标准		对应印度及其他国外标准	
单位面积质量	GB/T 24218.1—2009 纺织品 非织造布试验方法 第 1 部分:单位面积质量的测定(采 ISO)	ISO	ISO 9073-01:1989 纺织品 非织造布试验方法 第 1 部分:单位面积质量的测定	
厚度	GB/T 24218.2—2009 纺织品 非织造布试验方法 第 2 部分:厚度的测定(采 ISO)	ISO	ISO 9073-02:1995 纺织品 非织造布试验方法 第 2 部分:厚度的测定	
断裂强力和断裂伸长率	GB/T 24218.3—2010 纺织品 非织造布试验方法 第 3 部分:断裂强力和断裂伸长率的测定(条样法)(采 ISO)	ISO	ISO 9073-03:1989 纺织品 非织造布试验方法 第 3 部分:断裂强力和断裂伸长率的测定	
耐机械穿透	GB/T 24218.5—2016 纺织品 非织造布试验方法 第 5 部分:耐机械穿透性的测定(钢球顶破法)(采 ISO)	ISO	ISO 9073-05:2008 纺织品 非织造布试验方法 第 5 部分:耐机械穿透性的测定(钢球顶破法)	
吸收性	GB/T 24218.6—2010 纺织品 非织造布试验方法 第 6 部分:吸收性的测定(采 ISO)	ISO	ISO 9073-06:2000 纺织品 非织造布试验方法 第 6 部分:吸收性的测定	
液体穿透	GB/T 24218.8—2010 纺织品 非织造布试验方法 第 8 部分:液体穿透时间的测定(模拟尿液)(采 ISO)	ISO	ISO 9073-08:1995 纺织品 非织造布试验方法 第 8 部分:液体穿透时间的测定(模拟尿液)	
落絮和洁净度 - 微粒物质	GB/T 24218.10—2016 纺织品 非织造布试验方法 第 10 部分:干态落絮的测定(采 ISO) YY/T 0506.4—2016 病人、医护人员和器械用手术单、手术衣和洁净服 第 4 部分:干态落絮试验方法	ISO	ISO 9073-10:2003 纺织品 非织造布试验方法 第 10 部分:干态落絮的测定	
溢流量	GB/T 24218.11—2012 纺织品 非织造布试验方法 第 11 部分:溢流量的测定(采 ISO)	ISO	ISO 9073-11:2002 纺织品 非织造布试验方法 第 11 部分:溢流量的测定	
受压吸收性	GB/T 24218.12—2012 纺织品 非织造布试验方法 第 12 部分:受压吸收性的测定(采 ISO)	ISO	ISO 9073-12:2002 纺织品 非织造布试验方法 第 12 部分:受压吸收性的测定	
液体多次穿透	GB/T 24218.13—2010 纺织品 非织造布试验方法 第 13 部分:液体多次穿透时间的测定(采 ISO)	ISO	ISO 9073-13:2006 纺织品 非织造布试验方法 第 13 部分:液体多次穿透时间的测定	

续表

测试项目	中国标准		对应印度及其他国外标准
反湿量	GB/T 24218.14—2010 纺织品 非织造布试验方法 第14部分：包覆材料反湿量的测定（采ISO）	ISO	ISO 9073-14: 2006 纺织品 非织造布试验方法 第14部分：包覆材料反湿量的测定
透气性	GB/T 24218.15—2018 纺织品 非织造布试验方法 第15部分：透气性的测定（采ISO）	ISO	ISO 9073-15: 2007 纺织品 非织造布试验方法 第15部分：透气性的测定
静水压	GB/T 24218.16—2017 纺织品 非织造布试验方法 第16部分：抗渗水性的测定（静水压法）（采ISO） GB/T 4744—2013 纺织品防水性能的检测和评价 静水压法（采ISO）	ISO	ISO 9073-16: 2007 纺织品 非织造布试验方法 第16部分：抗渗水性的测定（静水压法） ISO 811: 1981 纺织品防水性能的检测和评价 静水压法
喷淋冲击 抗渗透水性	GB/T 24218.17—2017 纺织品 非织造布试验方法 第17部分：抗渗水性的测定（喷淋冲击法）（采ISO） YY/T 1632—2018 医用防护服材料的阻水性：冲击穿透测试方法	ISO	ISO 9073-17: 2008 纺织品 非织造布试验方法 第17部分：抗渗水性的测定（喷淋冲击法）
断裂强力和断裂伸长率	GB/T 24218.18—2014 纺织品 非织造布试验方法 第18部分：断裂强力和断裂伸长率的测定（抓样法）（采ISO）	ISO	ISO 9073-18: 2007 纺织品 非织造布试验方法 第18部分：断裂强力和断裂伸长率的测定（抓样法）
抗生理盐水	GB/T 24218.101—2010 纺织品 非织造布试验方法 第101部分：抗生理盐水性能的测定（梅森瓶法）	—	—
撕破强力	GB/T 3917.3—2009 纺织品 织物撕破性能 第3部分：梯形试样撕破强力的测定（采ISO）	ISO	ISO 9073-04: 1997 纺织品 织物撕破性能 第3部分：梯形试样撕破强力的测定
弯曲性能	GB/T 18318.1—2009 纺织品 弯曲性能的测定 第1部分：斜面法（采ISO）	ISO	ISO 9073-07: 1995 纺织品 非织造布试验方法 第7部分：弯曲长度的测定
悬垂性	GB/T 23329—2009 纺织品 织物悬垂性的测定（采ISO）	ISO	ISO 9073-09: 2008 纺织品 非织造布试验方法 第9部分：悬垂性的测定

续表

测试项目	中国标准		对应印度及其他国外标准
过滤性能	GB/T 38413—2019 纺织品 细颗粒物过滤性能试验方法	欧盟	EN 13274-7: 2002 呼吸防护装置 试验方法 第7部分: 细颗粒物过滤能的测定
抗病原体穿透	YY/T 0689 血液和体液防护装备 防护服材料抗血液传播病原体穿透性能测试 Phi-X174 噬菌体试验方法	ISO	ISO 16604: 2004 血液和体液防护装备 防护服材料抗血液传播病原体穿透性能测试 Phi-X174 噬菌体试验方法
		美国	ASTM F1671/F1671M-2013 使用 Phi-X174 噬菌体渗透作为试验系统的血源性的血源性病原体对防护服装使用的抗渗透材料用试验方法
		印度	IS 16545—2016 防止接触血液和体液的衣服 血传播致病菌对防护服材料渗透性的测定 Phi-X174 噬菌体试验方法
抗合成血液穿透	YY/T 0700—2008 血液和体液防护装备 防护服材料抗血液和体液穿透性能测试 合成血试验方法	ISO	ISO 16603 血液和体液防护装备 防护服材料抗血液和体液穿透性 合成血液测试
		印度	IS 16546—2016 防止接触血液和体液的衣服 合成血液的渗透性测定防护服材料的渗透性试验方法
阻微生物穿透-干态	YY/T 0506.5—2009 病人、医护人员和器械用手术单、手术衣和洁净服 第5部分: 阻干态微生物穿透试验方法	ISO	ISO 22612: 2005 防传染病原体的防护服 阻干态微生物穿透试验方法
		印度	IS 16548—2016 预防传染性原体的衣服 耐干微生物渗透性的试验方法
阻微生物穿透-湿态	YY/T 0506.6—2009 病人、医护人员和器械用手术单、手术衣和洁净服 第6部分: 阻湿态微生物穿透试验方法	ISO	ISO 22610: 2018 病人、医护人员和器械用手术单、手术衣和洁净服 阻湿态微生物穿透试验方法
洁净度-微生物	YY/T 0506.7 病人、医护人员和器械用手术单、手术衣和洁净服 第7部分: 洁净度-微生物	ISO	ISO 11737—1 医疗器械的灭菌 微生物学方法 第1部分: 产品上微生物总数的测定

续表

测试项目	中国标准		对应印度及其他国外标准
洁净度-微粒物质计算	YY/T 0506.2—2016 病人、医护人员和器械用手术单、手术衣和洁净服 第2部分：性能要求和试验方法	欧盟	EN 13795：2011 病人、医护人员和器械用手术单、手术衣和洁净服 制衣厂、处理厂和产品的通用要求、试验方法、性能要求和性能水平
胀破强度	GB/T 7742.1—2005 纺织品 织物胀破性能 第1部分：胀破强力和胀破扩张度的测定 液压法（采ISO）	ISO	ISO 13938-1：1999 纺织品 织物胀破性能 第1部分：胀破强力和胀破扩张度的测定 液压法
抗酒精渗透性	GB/T 24120—2009 纺织品 抗乙醇水溶液性能的测定	ISO	ISO 23232：2009 纺织品 抗乙醇水溶液性能的测定
注射针穿刺	YY/T 1425.1—2016 防护服材料抗注射针穿刺性能标准试验方法	美国	ASTM F1342/F1342M-2005（2013）防护服材料的抗穿刺性的标准测试方法
液体穿透	YY/T 0699—2008 液态化学品防护装备 防护服材料抗加压液体穿透性能测试方法	ISO	ISO 13994：2005 液态化学品防护装备 防护服材料抗加压液体穿透性能测试方法
		ISO	ISO 6530 防护服 对液态化学制品的防护材料抗液体渗透性的试验方法
病毒过滤效率	YY/T 1497—2016 医用防护口罩材料病毒过滤效率评价方法 Phi-X174 噬菌体试验法	—	—
动态刺穿	GB/T 20654—2006 防护服装 机械性能 材料抗刺穿及动态撕裂性的试验方法（采ISO）	ISO	ISO 13995：2000 防护服装 机械性能 材料抗刺穿及动态撕裂性的试验方法
抗合成血穿透	YY/T 0691—2008 传染性病原体防护装备 医用面罩抗合成血穿透性试验方法（固定体积、水平喷射）	ISO	ISO 22609：2004 传染性病原体防护装备 医用面罩抗合成血穿透试验方法（固定体积、水平喷射）
		美国	ASTM F1862/F1862M-17 医用面罩抗合成血标准测试方法（已知速率下的固定体积水平喷射法）

第五章　中国与美国相关标准比对分析

第一节　口罩

专家组收集、汇总并比对了中国与美国口罩标准共 7 项，其中：中国标准 5 项，美国标准 2 项。具体情况如下：

一、医用外科口罩和一次性使用医用口罩

我国医用外科口罩执行《医用外科口罩》（YY 0469—2011），主要是在手术室或其他类似医疗环境使用，重点是阻隔可能飞溅的血液、体液穿过口罩污染佩戴者，关键核心指标有过滤效率、压力差、抗合成血、微生物指标、生物学评价等；一次性使用医用口罩执行《一次性使用医用口罩》（YY/T 0969—2013），使用场景是在普通医疗环境中佩戴，用于阻隔口腔和鼻腔呼出或喷出污染物。

美国医用口罩标准执行《医用口罩材料性能规格》（ASTM F2100—2019），同时美国食品药品管理局（FDA）依据《Guidance for Industry and FDA Staff：Surgical Masks-Premarket Notification［510（k）］Submissions》（简称 FDA 510K）对医用口罩作为Ⅱ类医疗器械进行上市前审批，该文件亦涉及医用口罩相关标准的引用和关键性技术指标要求，在比对时也将该文件作为标准进行了分析。关键技术指标比对情况详见表 5-1-1 ～ 表 5-1-5。

表 5-1-1　医用外科及一次性医用口罩中美标准比对——过滤效率

国家	标准号	过滤效率			
中国	YY 0469—2011	细菌和非油性颗粒物	颗粒过滤效率≥30%（30L/min），细菌过滤效率≥95%（28.3L/min）		
	YY/T 0969—2013		细菌过滤效率≥95%（28.3L/min）		
美国	ASTM F2100—2019	乳胶粒子颗粒物（0.1μm）	Level 1 ≥95%	Level 2 ≥98%	Level 3 ≥98%
		细菌过滤效率	Level 1 ≥95%	Level 2 ≥98%	Level 3 ≥98%

续表

国家	标准号	过滤效率	
美国	FDA 510K（Surgical Mask）	细菌过滤效率	推荐了三种测试方法。未见分级要求
差异分析	中国外科口罩标准和一次性医用口罩标准细菌过滤效率规定了一个级别，与美国标准中 Level 1 要求和试验方法等同；美国标准还有 Level 2 和 Level 3 两个更高级别的要求，指标高于中国两个行业标准		

表 5-1-2　医用外科及一次性医用口罩中美标准比对——压力差

国家	标准号	压力差（8L/min）		
中国	YY 0469—2011	≤49Pa		
	YY/T 0969—2013	≤49Pa		
美国	ASTM F2100—2019	Level 1 <5mmH$_2$O/cm^2（约49Pa）	Level 2 <6mmH$_2$O/cm^2（约58.8Pa）	Level 3 <6mmH$_2$O/cm^2（约58.8Pa）
	FDA 510K（Surgical Mask）	无具体指标要求，但要提交测试方法说明。		
差异分析	压力差中美标准测试方法基本等同。目前中国标准只有一级，等同美国 ASTM F2100—2019 中的 Level 1 标准指标，优于美国标准 Level 2、Level 3 指标			

表 5-1-3　医用外科及一次性医用口罩中美标准比对——抗合成血

国家	标准号	抗合成血		
中国	YY 0469—2011	2 ml 合成血液 16kPa 下不穿透		
	YY/T 0969—2013	—		
美国	ASTM F2100—2019	Level 1 80mmHg（10.7kPa）	Level 2 120mmHg（16kPa）	Level 3 160mmHg（21.3kPa）
	FDA 510K（Surgical Mask）	推荐的测试方法与 ASTM F2100 中相同		
差异分析	抗合成血指标中国外科口罩标准涉及并规定了一个级别，一次性医用口罩标准不涉及，对应美国 ASTM F2100 中 Level 2 的指标			

表 5-1-4　医用外科及一次性医用口罩中美标准比对——阻燃性能

国家	标准号	阻燃性能
中国	YY 0469—2011	离开火焰后燃烧不大于 5s
	YY/T 0969—2013	非手术用，无要求

续表

国家	标准号	阻燃性能
美国	ASTM F2100—2019	1 级；依据 16 CFR Part 1610
	FDA 510K（Surgical Mask）	推荐了三种方法：a）16 CFR Part 1610；b）NFPA 702-1980；c）UL 2154：当点火由外科电动设备或激光引起时，测量燃烧所需的氧气水平的试验。 推荐将 1 级和 2 级材料用于手术室专用的外科口罩中
差异分析	中国标准和美国标准均有规定，美国标准还有细化的等级要求和多种方法选择，中美测试方法不同	

表 5-1-5　医用外科及一次性医用口罩中美标准比对——微生物指标和生物学评价指标

国家	标准号	微生物	细胞毒性	皮肤刺激性	迟发型超敏反应
中国	YY 0469—2011	细菌菌落 ≤100CFU/g；大肠菌群、绿脓杆菌、金黄色葡萄球菌、溶血性链球菌和真菌不得检出。	有	有	有
	YY/T 0969—2013	细菌菌落 ≤100CFU/g；大肠菌群、绿脓杆菌、金黄色葡萄球菌、溶血性链球菌和真菌不得检。	有	有	有
美国	ASTM F2100—2019	—	—	—	—
	FDA 510K（Surgical Mask）	—	无		外科口罩包含了与完整皮肤长期接触的部分，建议按照标准 ISO 10993 "医疗器械的生物评价第 1 部分：短期接触器械的评价与试验，接触完整皮肤" 评估材料的生物相容性
差异分析	微生物指标，中国两个行业标准均有规定，美国标准没有。 生物学评价指标中国两个行业标准均有规定，美国标准 ASTM F2100-2019 没有规定，指南文件 FDA 510K（Surgical Mask）有要求				

二、医用防护、工业防护和民用防护口罩

我国针对医用防护、工业防护和民用防护制定了《医用防护口罩技术要求》（GB 19083—2010）、《呼吸防护 自吸过滤式防颗粒物呼吸器》（GB 2626—2019）和《日常防护型口罩技术规范》（GB/T 32610—2016）；美国则执行美国联邦法规法典《呼吸防护装置的批准》（42 CFR 84）和 FDA 510K。主要针对过滤性能指标、呼吸阻力指标、泄漏率指标进行了比对分析，详见表 5-1-6～表 5-1-8。

表 5-1-6　医用防护、工业防护和民用防护口罩中美标准比对——过滤性能

国家	标准号	颗粒物类型	过滤效率			测试流量	加载与否
中国	GB 19083—2010	非油性颗粒物	1 级 ≥95%	2 级 ≥99%	3 级 ≥99.97%	85L/min	否
	GB 2626—2019	KN 非油性颗粒物	KN90 ≥90%	KN95 ≥95%	KN100 ≥99.97%	85L/min	是
		KP 油性颗粒物	KP90 ≥90%	KP95 ≥95%	KP100 ≥99.97%	85L/min	是
	GB/T 32610—2016	油性和非油性颗粒物	Ⅲ级： 盐性 ≥90% 油性 ≥80%	Ⅱ级： 盐性 ≥95% 油性 ≥95%	Ⅰ级： 盐性 ≥99% 油性 ≥99%	85L/min	是
美国	42 CFR 84 第 K 部分	N 非油性颗粒物	N95 ≥95%	N99 ≥99%	N100 ≥99.97%	85L/min	是
		R 非油性 / 油性颗粒物	R95 ≥95%	R99 ≥99%	R100 ≥99.97%	85L/min	是
		P 油性颗粒物	P95 ≥95%	P99 ≥99%	P100 ≥99.97%	85L/min	是
	ASTM F2100—2019	细菌过滤效率	Level 1 ≥95%	Level 2 ≥98%	Level 3 ≥98%	28.3L/min	否
	FDA 510K（Surgical N95 NIOSH certified Respirator）	乳胶粒子颗粒物（0.1μm）	Level 1 ≥95%	Level 2 ≥98%	Level 3 ≥98%	—	否
		对于非 N95 的医用口罩，建议评估过滤效率和细菌过滤效率。对于经认证的 N95 外科口罩，可以提交 NIOSH 认证号代替此项试验。				85 L/min	是

差异分析	中美标准过滤效率测试流量条件一致。滤料级别上，中国标准中工业防护口罩、民用防护口罩分级与国标准不同，中国医用防护口罩标准非油性颗粒物分级与美国 42 CFR 84 第 K 部分规定相同，但不加载

表5-1-7 医用防护、工业防护和民用防护口罩中美标准比对——呼吸阻力

国家	标准号	吸气阻力	呼气阻力
中国	GB 19083—2010	吸气阻力≤343.2Pa（85L/min）	—
	GB 2626—2019	随弃式面罩（无呼气阀），85L/min KN90/KP90 ≤170Pa ｜ KN95/KP95 ≤210Pa ｜ KN100/KP100 ≤250Pa	随弃式面罩（无呼气阀），85 L/min KN90/KP90 ≤170Pa ｜ KN95/KP95 ≤210Pa ｜ KN100/KP100 ≤250Pa
		随弃式面罩（有呼气阀），85L/min KN90/KP90 ≤210Pa ｜ KN95/KP95 ≤250Pa ｜ KN100/KP100 ≤300Pa	随弃式面罩（有呼气阀），85L/min ≤150Pa
		可更换半面罩和全面罩，85L/min KN90/KP90 ≤250Pa ｜ KN95/KP95 ≤300Pa ｜ KN100/KP100 ≤350Pa	可更换半面罩和全面罩，85L/min ≤150Pa
	GB/T 32610—2016	吸气≤175Pa，85L/min	呼气≤145Pa，85L/min
美国	42 CFR84 第 K 部分	≤35mmH$_2$O（343Pa）	≤25mmH$_2$O（245Pa）
差异分析		指标上医用防护口罩标准与美国标准的吸气阻力基本等同；中国工业防护口罩标准呼吸阻力进行了差异化要求，民用防护口罩标准该指标没有差异要求，两个国家标准指标均优于美国国标准	

表5-1-8 医用防护、工业防护和民用防护口罩中美标准比对——泄漏率和防护效果

国家	标准号	泄漏率/防护效果					
	GB 19083—2010	用总适合因数进行评价。选10名受试者，作6个规定动作，应至少有8名受试者总适合因数≥100					
中国	GB 2626—2019	泄漏率	50个动作至少有46个动作的泄漏率			10个受试者中至少有8个人的泄漏率	
			随弃式	可更换式半面罩	全面罩（每个动作）	随弃式	可更换式半面罩
		KN90/KP90	<13%	<5%	<0.05%	<10%	<2%
		KN95/KP95	<11%	<5%	<0.05%	<8%	<2%
		KN100/KP100	<5%	<5%	<0.05%	<2%	<2%
	GB/T 32610—2016	头模测试防护效果：A级：≥90%；B级：≥85%；C级：≥75%；D级：≥65%					
美国	42 CFR 84	42 CFR 84 中没有泄漏率的量化测试要求。但是在美国对个体防护装备配备标准 29 CFR 1910.134 中，强制要求使用前对口罩的密合性（Fit）进行评估。与国标/欧标不同的是，这个测试是使用前进行的，可以采取 NIOSH 接受的量化测试或者定性测试。量化测试与国标测试类似					
差异分析	美国标准中对于泄漏率没有量化要求。中国工业防护口罩标准根据产品过滤效率级别不同，测试总泄漏率，指标进行了差异化区分；民用口罩标准采用的是呼吸模拟器加头模的测试方法，测试防护效果。国内三个标准测试方法不同，各具特色						

第二节 防护服

针对防护服产品,专家组收集、汇总并比对了中国与美国标准8项,其中:中国标准2项,美国标准6项。具体比对分析情况如下。

一、职业防护用化学防护服

我国执行《防护服装 化学防护服通用技术要求》(GB 24539—2009),包括气密型 -ET、非气密型 -ET、喷射液密型、喷射液密型 -ET、泼溅液密型,颗粒物防护服。美国标准按防护类型包括气密型和泼溅液密型两类,相关标准分别是《危化品紧急情况与 CBRN 恐怖主义事件中使用的化学蒸汽防护服》(NFPA 1991—2016)和《危化品紧急情况下使用的液体泼溅防护服》(NFPA 1992—2018)。由于化学防护服标准指标体系较为复杂,为便于比对工作和阅读,主要比对了物理机械性能指标、面料阻隔性能指标、服装整体阻隔性能等指标,详见表 5-2-1 ~ 表 5-2-6。

二、医用一次性防护服

我国医用防护服执行《医用一次性防护服技术要求》(GB 19082—2009)。美国则在《紧急医疗服务防护服装标准》(NFPA 1999—2018)、《用于有害物质和核化生恐怖事件紧急响应的防护服装标准》(NFPA 1994—2018)、《医用防护服、手术单的选择和使用指南》(AAMI TIR11—2005)和《医用防护服材料的液体阻隔性能和分级》(ANSI/AAMI PB70—2012)中规定了相关要求。

美国医用防护服标准和有关技术文件发布组织不同,标准应用场景也不同,中美标准指标设置和试验方法差异较大。经过梳理,我们从机械性能、阻隔性能(包括液体阻隔性能和防传染性物质性能)、其他性能(包括舒适性、生物相容性、微生物指标、抗静电及静电衰减、阻燃和落絮)三个方面对中美标准进行了差异性比对,详见表 5-2-7 ~ 表 5-2-9。

表 5-2-1　气密型防护服中美标准比对——物理机械性能

国家	标准号	耐磨损性能	耐屈挠破坏性能	顶破强力	撕破强力	断裂强力	抗刺穿性能	接缝强力	耐低温耐高温性能
中国	GB 24539—2009	≥3级（>500圈）（摆辊法）	有限次使用≥1级（>1000次） 重复使用≥4级（>15000次）	—	≥3级（>40N）	有限次使用≥3级（>100N） 重复使用≥4级（>250N）	≥3级（>50N）	≥5级（>300N）	面料经70℃或-40℃预处理8h后，断裂强力下降≤30%
美国	NFPA 1991—2016	≥25圈	脚套≥100000次	≥200N	≥49N	—	—	≥67N/25mm	-25℃面料弯折到60度角所需力<0.057Nm
差异分析	中国标准和美国标准在物理机械性能的技术要求、测试方法上都不相同。中国标准有抗刺穿性能要求，美国标准没有此项要求。美国标准有顶破强力要求，中国准没有此项要求									

表 5-2-2　泼溅液密型防护服中美标准比对——物理机械性能

国家	标准号	耐磨损性能	耐屈挠破坏性能	顶破强力	撕破强力	断裂强力	抗刺穿性能	接缝强力	耐低温耐高温性能
中国	GB 24539—2009	≥1级（>10圈）	≥1级（>1000次）	—	≥1级（>10N）	≥1级（>30N）	≥1级（>5N）	≥1级（>30N）	面料经70℃或-40℃预处理8h后，断裂强力下降≤30%
美国	NFPA 1992—2018	—	—	≥135N	≥25N	—	—	≥33N/25mm	-25℃面料弯折到60度角所需力<0.057Nm
差异分析	中国标准有耐磨损、耐屈挠破坏、断裂强力的要求，美国标准没有。美国标准有抗刺穿要求，中国标准没有此项性能要求。中国标准有高温或低温处理后强力保留率的要求，美国标准只有低温条件下弯折性能要求。名称相同的项目中国标准和美国国际标准测试方法不同									

表 5-2-3 气密型防护服中美标准比对——面料阻隔性能

国家	标准号	渗透性能	液体耐压穿透性能	接缝等部位渗透性能	接缝等部位液体耐压穿透性能
中国	GB 24539—2009	测试 15 种气态和液态化学品的渗透性能，每种化学品渗透性能≥3级（>60min）	从 15 种气态和液态化学品中至少选 3 种液态化学品进行测试，耐压穿透性能≥1 级（>3.5kPa）	测试 15 种气态和液态化学品的渗透性能，每种化学品渗透性能≥3级（>60min）	从 15 种液态化学品中至少选 3 种液态化学品进行测试，耐压穿透性能≥1 级（>3.5kPa）
美国	NFPA 1991—2016	a）测试 24 种气态和液态化学品，每种 1h 累计渗透量≤6μg/cm²，期间每 15min 渗透量≤2μg/cm²；b）除上述化学品外，还要分别测试两种化学武器的累计渗透量	—	a）测试 24 种气态和液态化学品，每种 1h 累计渗透量≤6μg/cm²，期间每 15min 渗透量≤2μg/cm²；b）除上述化学品外，还要分别测试两种化学武器的累计渗透量	15 种液态化学品各接触 1h，不能有液体透过（ASTM F 903）
差异分析		对渗透性能和接缝等部位渗透性能、接缝部位的耐压穿透要求，中国标准和美国标准在技术要求、测试方法上，都不同。中国标准对面料有液体耐压穿透的要求，NFPA 1991 没有			

表 5-2-4 泼溅液密型防护服中美标准比对——整体阻隔性能

国家	标准号	液体泄漏测试
中国	GB 24539—2009	测试人员穿防护服进入装有 4 个喷头的喷淋房内，液体表面张力 0.0322N/m ± 0.002N/m，喷射压力 300kPa，流量：1.14L/min，测试时间：1min，喷淋期间测试人员需要不停做动作，沾污面积小于标准沾污面积 3 倍
美国	NFPA 1992—2018	用人模穿防护服放在装有 5 个喷头的喷淋房内，液体表面张力 34dynes/cm ± 2dynes/cm，流量：3.0L/min ± 0.2L/min，测试时间：喷 20min，期间每 5min 人模要变换四个角度，不得有液体透过
差异分析		中国标准和美国标准都有液体泄漏测试要求，但测试设备、测试液表面张力、流量、测试时间、评判标准等所有参数都不同

表 5-2-5 泼溅液密型防护服中美标准比对——面料阻隔性能

国家	标准号	渗透性能	液体耐压穿透性能	接缝渗透性能	接缝液体耐压穿透性能	拒液性能
中国	GB 24539—2009	从15种气态和液态化学品中至少选择1种液态化学品进行测试，渗透性能≥1级（>10min）	—	—	从15种气态和液态化学品中至少选1种进行试验，耐压穿透性能≥1级（>3.5kPa）	拒液指数≥1级（>80%）穿透指数≥1级（<10%）4种规定化学品中至少1种
美国	NFPA 1992—2018	10种液态化学品各接触1h，不能有液体透过	—	—	10种液态化学品各接触1h，不能有液体透过	—
差异分析		中国标准有渗透性能要求，美国标准没有。中国标准有液体耐压穿透性能要求，中国标准有拒液性能要求，美国标准没有。接缝部位的耐压穿透性能中美国标准都有要求但测试方法不同				

表 5-2-6 气密型防护服中美标准比对——整体阻隔性能

国家	标准号	气密性	液体泄漏测试	总泄漏率
中国	GB 24539—2009	向衣服内通气至压力1.29kPa，保持1min，调节压力至1.02kPa，保持4min，压力下降不超过20%	人模穿防护服放在装有5个喷头的喷淋房内；液体表面张力0.032N/m±0.002N/m，流量：3.0L/min；测试时间：喷1hr，期间每15min人模要变换四个角度，不得有液体透过	—
美国	NFPA 1991—2016	向衣服内通气至压力1.250kPa，保持1min，调节压力至100mm水柱，保持4min，压力下降不超过20%	用人模穿防护服放在装有5个喷头的喷淋房内；液体表面张力34dynes/cm±2dynes/cm，流量：3.0L/min；测试时间：喷1hr，期间每15min人模要变换四个角度，不得有液体透过	PPDFsys ≥488 PPDFi（local）≥1071
差异分析		中国标准和美国标准在气密型和液体泄漏测试的要求及测试方法上除气体泄漏测试液表面张力要求有微小差别，无其他差别。美国标准有颗粒物总泄漏率要求，中国标准没有此要求		

表 5-2-7 医用一次性防护服中美标准比对——机械性能

国家	标准号	断裂强力	耐磨性	耐穿刺/刺穿	撕破强力	抗破裂强度	耐屈挠性
中国	GB 19082—2009	关键部位材料≥45 N; 断裂伸长率≥15%（非强制）	—	—	—	—	—
美国	AAMI TIR11—2005	无指标，医护人员和制造商可协议测试评估	无指标，医护人员和制造商可协议测试评估	无指标，医护人员和制造商可协议测试评估	无指标，医护人员和制造商可协议测试评估	无指标，医护人员和制造商可协议测试评估	—
	NFPA 1999—2018（一次性使用）	接缝处≥50N	—	材料耐刺穿蔓延≥12N	—	材料≥66 N	—
	NFPA 1999—2018（重复使用）	材料及接缝处≥225.5N	—	材料耐刺穿蔓延≥25N	材料≥36 N	材料≥178 N	—
	NFPA 1994—2018	Class1, 2R 接缝≥67 N/25mm; Class 2, 3, 3R, 4, 4R 接缝≥34 N/25mm	—	材料: Class 1, 2R ≥49N; Class 2, 3R, 4R ≥31N; Class 3 ≥25N; Class 4 ≥25N	—	材料: Class 1, 2R ≥200N; Class 2, 3R, 4R ≥156N; Class 3 ≥135N; Class 4 ≥135N	—
差异分析	中国国家标准 GB 19082—2009 与美国同类产品标准 NFPA 1999—2018（一次性使用）相比，机械性能设置比较少。美国紧急医疗活动用防护服既没有重复性使用用防护服，也包括一次性使用用防护服，而且美国标准对于接缝处有明确指标要求，指标略高于中国标准；美国标准对用于有害物质和核化生恐怖事件紧急响应的防护服装在机械性能指标上分级设置						

表5-2-8 医用一次性防护服中美标准比对——阻隔性能

国家	标准号	液体阻隔性能				阻传染性生物质性能			
		抗渗水性	表面抗湿	抗合成血穿透	抗噬菌体穿透	阻干态微生物	阻湿态微生物	阻微生物气溶胶	颗粒过滤效率
中国	GB 19082—2009	关键部位静水压不低于1.67kPa（17cmH₂O）	外侧沾水不低于3级（试样表面喷淋点处润湿，ISO 4920）	至少2级（1.75kPa），共6级（最高20kPa）	—		—	—	关键部位及接缝处对非油性颗粒物应不小于70%
美国	ANSI/AAMI PB70—2012	1级冲击穿透≤4.5g；2级冲击穿透≤1g，静水压≥20cmH₂O；3级冲击穿透≤1g，静水压≥50cmH₂O	—	分为4级，最高13.8 kPa压力下合成血不穿透	分为4级，最高13.8kPa压力下无噬菌体穿透	—	—	—	—
	AAMI TIR11—2005	无指标，医护人员和制造商可协议测试，测试方法 AATCC 42 和 127	—	无指标，医护人员和制造商可协议测试评估	无指标，医护人员和制造商可协议测试评估	无指标，医护人员和制造商可协议测试评估	—	无指标，医护人员和制造商可协议测试评估	—
	NFPA 1999—2018（一次性使用）	整装测试：按照 ASTM F1359 进行模特喷淋实验，无液体穿透	—	—	材料无要求，接缝处13.8kPa压力下无噬菌体穿透	—	—	—	—
	NFPA 1999—2018（重复使用）	整装测试：按照 ASTM F1359 进行模特喷淋实验，无液体穿透。材料采用 AATCC 42 方法，要求吸水率≤30%	—	—	材料及接缝处13.8kPa压力下无噬菌体穿透	—	—	—	—

续表

国家	标准号	液体阻隔性能				阻传染性物质性能			颗粒过滤效率
		抗渗水性	表面抗湿	抗合成血穿透	抗噬菌体穿透	阻干态微生物	阻湿态微生物	阻微生物气溶胶	
美国	NFPA 1994—2018	整装测试：按照ASTM F1359进行模特喷淋实验，无液体穿透（Class 1, 2, 2R, 3, 3R）	—	—	材料及接缝处在13.8kPa压力下（≥1h）无噬菌体穿透（Class 2, 2R, 3, 4, 4R）	—	—	—	整装测试：用甲基水杨酸甲酯测试向内泄漏率（Class 1, 2, 2R, 3, 3R）；用二氧化硅、四甘醇、荧光素混合物气溶胶颗粒测试向内泄漏率（Class 4, 4R）
差异分析	液体阻隔性能方面，中国国家标准GB 19082—2009与美国产品标准NFPA 1999—2018（一次性使用）同类相比，液体阻隔性能设置指标不同，中国标准设置了抗渗水性、表面抗湿和抗合成血穿透3项指标，关注的是材料；美国标准要求整装用模特进行液体喷淋试验，比较严格。阻传染性物质性能方面，美国产品标准NFPA 1999—2018（一次性使用）微生物挑战试验为4级，非常严格。中国标准目前采用颗粒过滤效率（PFE）试验代替微生物阻隔试验，测试方法完全不同								

155

表5-2-9 医用一次性防护服中美标准比对——其他性能

国家	标准号	舒适性指标	生物相容性	微生物指标	抗静电及静电衰减	阻燃性能	落絮
中国	GB 19082—2009	≥2500g/（m²·d）	原发性刺激计分不超过1（方法GB/T 16886.10—2005等同ISO 10993.10—2002）	灭菌防护服应无菌；否则应满足：细菌菌落总数 ≤200CFU/g，真菌菌落总数 ≤100CFU/g，大肠菌群、绿脓杆菌、金黄色葡萄球菌、溶血性链球菌不得检出	带电量≤0.6μC/件；静电衰减时间≤0.5 s	损毁长度 ≤200mm；续燃时间≤15s；阴燃时间≤10s	无指标，医护人员和制造商可协议测试评估
	AAMI TIR11—2005	无指标，医护人员和制造商可协议测试评估；热阻、透气性、透湿量、湿阻	材料不能对使用者产生不良刺激。灭菌产品，需对灭菌方法用ISO 10993进行评估	灭菌产品，需对灭菌方法法进行评估	无指标，医护人员和制造商可协议测试评估。静电吸附，静电衰减，表面电阻率	根据16CFR 1610规定评估阻燃性	无指标，医护人员和制造商可协议测试评估
	NFPA 1999—2018（一次性使用）	≥650g/（m²·d）	—	—	—	火焰蔓延时间≥3.5s	—
美国	NFPA 1999—2018（重复使用）	总热量损失≥450 W/m²，蒸发阻力≤30Pa·m²/W（ASTM F1868）	—	—	—	火焰蔓延时间≥3.5s	—
	NFPA 1994—2018	Class 3/3R：总热量损失≥200W/m²，蒸发阻力≤30Pa·m²/W；Class 4/4R：总热量损失≥450W/m²，蒸发阻力≤30Pa·m²/W	—	—	—	Class1要求：续燃时间≤2s，不融化和滴下，其他级别未作要求	—
差异分析	中国标准与美国标准在无菌、生物学评价上遵循指标和测试方法基本相同，阻燃指标和测试方法不同；透湿性指标、抗静电及静电衰减性能，中国标准都有明确规定，美国标准无要求或有提及；落絮指标只有美国手术衣标准中涉及						

第三节　医用手套

专家组收集、汇总并比对了医用手套相关的中国与美国标准 14 项，其中：我国有关医用手套的国家标准 7 项，包括产品标准 5 项、方法标准 2 项；美国标准 7 项，均为产品标准。具体比对分析情况如下。

一、一次性使用医用橡胶检查手套

中国执行《一次性使用医用橡胶检查手套》（GB 10213—2006），美国执行《橡胶检查手套规范》（ASTM D 3578—2019）、《丁腈橡胶医用检查手套规范》（ASTM D 6319—2019）、《氯丁橡胶医用检查手套规范》（ASTM D 6977—2019）。相关技术指标要求比对情况详见表 5-3-1 ~ 表 5-3-7。

二、一次性使用灭菌橡胶外科手套

中国执行《一次性使用灭菌橡胶外科手套》（GB 7543—2006），美国执行《外科橡胶手套规范》（ASTM D 3577—2019），相关技术指标要求比对情况详见表 5-3-8 ~ 表 5-3-14。

三、一次性使用聚氯乙烯医用检查手套

中国执行《一次性使用聚氯乙烯医用检查手套》（GB 24786—2009），美国执行《聚氯乙烯检查手套规范》（ASTM D 5250—2009），相关技术指标要求比对情况详见表 5-3-15 ~ 表 5-3-18。

表 5-3-1　一次性使用医用橡胶检查手套中美标准比对——手套分类

国家	标准号	手套分类
中国	GB 10213—2006（等同采用 ISO 11193.1：2002）	类别 1：主要以天然橡胶胶乳制造的手套； 类别 2：主要由丁腈胶乳、氯丁橡胶胶乳，丁苯橡胶溶液，丁苯橡胶乳液或热塑性弹性体溶液制成的手套
美国	ASTM D 3578—2019	类别 1：最小拉伸强度为 18MPa，500% 定伸最大应力为 5.5MPa； 类别 2：最小拉伸强度为 14MPa，500% 定伸最大应力为 2.8MPa
	ASTM D 6319—2019	—
	ASTM D 6977—2019	
差异分析	中国标准采用国际标准，以制造检查手套材料进行分类。美国橡胶检查手套规范以手套的拉伸强度最小值来分类	

表5-3-2 一次性使用医用橡胶检查手套中美标准比对——应用场合

国家	标准号	应用场合
中国	GB 10213—2006（等同采用ISO 11193.1：2002）	用于医用检查和诊断过程中防止病人和使用者之间交叉感染，也用于处理受污染医疗材料。规定了橡胶检查手套的安全性能和安全性的要求，但检查手套的安全、正确使用和灭菌过程及随后的处理和贮存过程不在本标准的范围之内
美国	ASTM D3578—2019	用于医用检查和诊断过程中防止病人和使用者之间交叉感染，也用于处理受污染医疗材料。规定了单只或一副天然橡胶检查手套，还包括灭菌包装的或非灭菌包装的天然橡胶检查手套
	ASTM D 6319—2019	用于医用检查和诊断过程防止病人和使用者之间交叉感染。规定了单只或一副丁腈橡胶医用检查手套，还包括灭菌包装的或非灭菌包装的丁腈橡胶医用检查手套
	ASTM D 6977—2019	用于医用检查和诊断过程防止病人和使用者之间交叉感染。规定了单只或一副氯丁橡胶医用检查手套，还包括灭菌包装的或非灭菌包装的氯丁橡胶医用检查手套
差异分析	中国标准和美国标准此项一致	

表5-3-3　一次性使用医用橡胶检查手套中美标准比对——材料

国家	标准号	材料
中国	GB 10213—2006（等同采用 ISO 11193.1：2002）	a) 配合橡胶：天然橡胶、氯丁橡胶、丁苯橡胶，热塑性弹性体溶液或乳液。为便于穿戴，可使用符合 ISO 10993 要求的润滑剂，粉末或聚合物涂覆物进行表面处理。 b) 使用的任何颜料应为无毒。用于表面处理的可迁移物质应是可生物吸收的。 c) 提供给用户的手套应符合 ISO 10993 相关部分的要求。必要时制造商应使购买者易于获得符合这些要求的资料
美国	ASTM D3578—2019	a) 任何天然橡胶配方制造的天然橡胶医用检查手套应符合本标准要求。 b) 用作润滑剂可吸收的粉末应符合美国药典的已证实其安全性和有效性的润滑剂，可以使用其他的已证实其安全性和有效性的润滑剂。 c) 天然橡胶医用检查手套内外表面应无滑石粉
美国	ASTM D 6319—2019	a) 任何丁腈橡胶聚合物配方制造的丁腈橡胶医用检查手套应符合本标准要求。 b) 用作润滑剂可吸收的粉末应符合药典现有的要求，可以使用其他的已证实其安全性和有效性的润滑剂。 c) 丁腈橡胶医用检查手套内外表面应无滑石粉
美国	ASTM D6977—2019	a) 任何氯丁橡胶聚合物配方制造的氯丁橡胶医用检查手套应符合本标准要求。 b) 用作润滑剂可吸收的粉末应符合美国药典的已证实其安全性和有效性的润滑剂，可以使用其他的已证实其安全性和有效性的润滑剂。 c) 氯丁橡胶医用检查手套内外表面应无滑石粉
差异分析		中国标准采用了国际标准，详细列出了符合要求的配合橡胶类别。 中国标准中规定润滑剂符合国际标准要求。美国标准则规定润滑剂符合美国药典的要求。 美国标准单独列出了丁对手套内外表面无滑石粉的规定。中国标准材料要求第三条涵盖了对滑石粉和生物不可吸收材料进行表面处理

表5-3-4 一次性使用医用橡胶检查手套中美标准比对——物理性能、灭菌和不透水性要求

国家	标准号	物理性能要求	灭菌	不透水性
中国	GB 10213—2006（等同采用ISO 11193.1：2002）	老化前扯断力：≥7.0N； 老化前拉断伸长率：1类≥650%；2类≥500%； 老化后扯断力：1类≥6.0N；2类≥7.0N； 老化后拉断伸长率：1类≥500%；2类≥400%；老化条件70℃±2℃，168h±2h	如果手套是灭菌的，应按要求标识手套灭菌处理的类型	不透水
美国	ASTM D 3578—2019	老化前拉伸强度：类别1 ≥18MPa；类别2 ≥14MPa； 老化前500%定伸应力：类别1 ≤5.5MPa；类别2 ≤2.8MPa； 老化前拉断伸长率：≥650%； 老化后拉伸强度：≥14MPa；拉断伸长率：≥500%； 老化条件70℃±2℃，166h±2h（参照测试）；100℃±2℃，22h±0.3h		不透水
	ASTM D 6319—2019	老化前拉伸强度：≥14MPa； 老化前拉断伸长度：≥500%； 老化后扯断力：≥14MPa； 老化后拉断伸长度：≥400%； 老化条件70℃±2℃，166h±2h（参照测试）；100℃±2℃，22h±0.3h	如果手套是灭菌的，应符合美国药典最新版本规定的灭菌要求	不透水
	ASTM D 6977—2019			
差异分析		中国标准对手套物理性能要求与国际标准一致。美国标准与国际标准的要求表达不一致，经换算，ASTM D 3578中类别1手套的老化前扯断力最小值相当于8.64N，类别2手套的老化前扯断力最小值相当于6.72N。ASTM D 6319和ASTM D 6977中手套老化前扯断力最小值相当于4.2N。与国际标准老化条件类似，实际测试老化条件温度较高，时间较短。且最小厚度不相同，ASTM D 6319中的指标值高于中国标准中的指标值，老化条件也有差异，设立了一组对照试验，在全国内，灭菌测试老化条件不一定相同。国内的灭菌方法不一定相同：γ-射线法与环氧乙烷法。美国灭菌应符合美国药典要求。		

表5-3-5　一次性使用医用橡胶检查手套中美标准比对——检查水平和接收质量限（AQL）

国家	标准号	物理尺寸	不透水性	拉断力和拉断伸长率（老化前、老化后）
中国	GB 10213—2006（等同采用 ISO 11193.1：2002）	检查水平：S-2；AQL：4.0	检查水平：G-1；AQL：2.5	检查水平：S-2；AQL：4.0
美国	ASTM D 3578—2019	检查水平：S-2；AQL：4.0	检查水平：I；AQL：2.5	检查水平：S-2；AQL：4.0
美国	ASTM D 6319—2019			
美国	ASTM D 6977—2019			
差异分析	ASTM D 3578 对灭菌，残留粉末，抗原蛋白含量和蛋白含量做出了检查水平相关规定。另外 ASTM D 6319，ASTM D 6977 也对灭菌，残留粉末和粉末含量做出了检查水平相关规定。美国标准对其他项目具体要求见表 5-3-6			

表5-3-6　ASTM D 3578—2019 的具体要求

项目	相关缺陷	检测水平	AQL（接收质量限）
灭菌	无菌性不合格	A[a]	N/A
残留粉末	超出最大限制（2.0mg）	N=5	N/A
蛋白质含量[b]	超出最大推荐限制（200ig/dm^2）	N=3	N/A
粉末含量	超出最大推荐限制（10mg/dm^2）	N=2	N/4
抗原蛋白含量[b]	超出最大推荐限制（10ig/dm^2）	N=1	N/4

a　A：见美国药典规定。

b　仅美国 ASTM D 3578—2019 有要求。

表5-3-7 一次性使用医用橡胶检查手套中美标准比对——尺寸与公差

国家	标准号	尺寸代码	标称尺寸	标称宽度（尺寸 w）/mm	宽度（尺寸 w）/mm	最小长度（尺寸 l）/mm	最小厚度（手指位置测量）/mm	最大厚度（大约在手掌的中心）/mm
中国	GB 10213—2006	6 及以下	特小（XS）	—	≤80	220	对所有尺寸： 光面：0.08； 麻面：0.11	对所有尺寸： 光面：2.00； 麻面：2.03
		6.5	小（S）	—	80±5	220		
		7	中（M）	—	85±5	230		
		7.5	中（M）	—	95±5	230		
		8	大（L）	—	100±5	230		
		8.5	大（L）	—	110±5	230		
		9 及以上	特大（XL）	—	≥110	230		
美国	ASTM D 3578—2019 ASTM D 6319—2019 ASTM D 6977—2019	6	特小（XS）	75±6	70±10	220	ASTM D 3578—2019 对所有尺寸：0.08； ASTM D 6319—2019 ASTM D 6977—2019 对所有尺寸：0.05	ASTM D 3578—2019 对所有尺寸：0.08； ASTM D 6319—2019 ASTM D 6977—2019 对所有尺寸：0.05
		6½	小（S）	83±6	80±10	220		
		7	均码	89±6	85±10	220		
		7½	中（M）	95±6	95±10	230		
		8	大（L）	102±6	111	230		
		8½	特大	108±6	120	230		
		9	特特大	114±6	130	230		

表5-3-8　一次性使用灭菌橡胶外科手套中美标准比对——手套分类

国家	标准号	手套分类
中国	GB 7543—2006 （等同采用 ISO 10282：2014）	类别1：主要以天然橡胶胶乳制造的手套； 类别2：主要由丁腈胶乳、异戊二烯橡胶胶乳、氯丁橡胶胶乳，丁苯橡胶溶液，丁苯橡胶乳液或热塑性弹性体溶液制成的手套
美国	ASTM D 3577—2019	类别1：主要以天然橡胶胶乳制造的手套； 类别2：以橡胶浆或合成橡胶胶乳制成的手套
差异分析	中国标准手套分类采用国际标准的分类方式，比较具体。美国标准手套分类较为宽泛	

表5-3-9　一次性使用灭菌橡胶外科手套中美标准比对——应用场合

国家	标准号	应用场合
中国	GB 7543—2006 （等同采用 ISO 10282：2002）	用于外科操作中防止病人和使用者交叉感染、无菌包装的橡胶手套的技术要求。适用于穿戴一次然后丢弃的一次性手套。不适用于检查手套或一系列操作用手套。它包括具有光滑表面的手套和部分纹理或全部纹理的手套。规定了橡胶外科手套性能和安全性。但外科手套的安全、正确使用和灭菌过程及随后的处理、包装和贮存过程不在本标准的范围之内
美国	ASTM D3577—2019	涵盖了进行外科手术操作的包装橡胶手术手套的要求规范。 橡胶外科手套性能和安全性。但外科手套的安全、正确使用不在本标准范围内
差异分析	中国标准与美国标准此项一致	

表5-3-10　一次性使用灭菌橡胶外科手套中美标准比对——材料

国家	标准号	材料
中国	GB 7543—2006 （等同采用 ISO 10282：2002）	a）配合橡胶：天然橡胶、丁腈橡胶、氯丁橡胶、丁苯橡胶、异戊橡胶、热塑性弹性体溶液。b）为便于穿戴，可使用符合 ISO 10993 要求的润滑剂、粉末或聚合物涂覆物进行表面处理。c）使用的任何颜料应为无毒。用于表面处理的可迁移物质应是可生物吸收的。d）提供给用户的手套应符合 ISO 10993 相关部分的要求。必要时制造商应使购买者易于获得符合这些要求的资料
美国	ASTM D 3577—2019	a）任何符合本标准要求的配合橡胶制造的手套。b）用作润滑剂可吸收的粉末应符合美国药典现有的要求，可以使用其他的已证实其安全性和有效性的润滑剂。c）橡胶外科手套内外表面应无滑石粉
差异分析	中国标准采用国际标准，详细列出了符合要求的配合橡胶类别。中国标准中规定润滑剂符合国际标准要求，美国标准则规定润滑剂符合美国药典的要求。美国标准单独列出了对手套内外表面无滑石粉的要求。中国标准材料要求第三条涵盖了对滑石粉的规定，即不使用有任何有毒和生物不可吸收材料进行表面处理	

表5-3-11 一次性使用灭菌橡胶外科手套中美标准比对——物理性能、灭菌和不透水性要求

国家	标准号	物理性能要求	灭菌	不透水性
中国	GB 7543—2006（等同采用 ISO 10282：2002）	老化前扯断力：1类≥12.5N；2类≥9N； 老化前拉断伸长率：1类≥700%；2类≥600%； 老化前300%定伸负荷：1类≤2.0N；1类≤3.0N； 老化后扯断力：1类≥9.5N；2类≥9.0N； 老化后拉断伸长率：1类≥550%；2类≥500%； 老化条件：70℃±2℃，168h±2h	手套应灭菌并按要求标识手套灭菌处理的类型	不透水
美国	ASTM D 3577—2019	老化前拉伸强度：类别1≥24MPa；类别2≥17MPa； 老化前500%定伸应力：类别1≤5.5MPa；类别2≤7.0MPa； 老化前拉断伸长率：类别1≥750%；类别2≥650%； 老化后拉伸强度：类别1≥18MPa；类别2≥12MPa； 拉断伸长率：类别1≥560%；类别2≥490%； 老化条件：70℃±2℃，166h±2h（参照测试）；100℃±2℃，22h±0.3h	手套应灭菌并符合美国药典最新版本规定的灭菌要求	不透水
差异分析	中国标准物理性能要求与国际标准一致。美国标准的要求与国际标准不一致，经换算老化前最小扯断力要求为1类14.40N，2类10.2N，高于国际标准要求；老化前拉断伸长率要求较高，老化时间较短。国际标准略高。除对照测试验外，老化条件与国际标准不同，老化温度较高，老化时间较短			

表 5-3-12　一次性使用灭菌橡胶外科手套中美标准比对——检查水平和接收质量限（AQL）

国家	标准号	物理尺寸	不透水性	扯断力和拉断伸长率，300%定伸（老化前）
中国	GB 7543—2006（等同采用 ISO 10282：2002）	检查水平：S-2；AQL：4.0	检查水平：G-1；AQL：1.5	检查水平：S-2；AQL：4.0
美国	ASTM D 3577—2019	检查水平：S-2；AQL：4.0	检查水平：I；AQL：1.5	检查水平：S-2；AQL：4.0
差异分析	中国标准和美国标准在物理尺寸、不透水性、物理性能方面检查水平和接收质量限一致。美国标准对灭菌、残留粉末、粉末含量、抗原蛋白含量做出了检查水平相关规定。美国标准对其他项目具体要求见表 5-3-13。			

表 5-3-13　ASTM D 3577—2019 的具体要求

项目	相关缺陷	检测水平	AQL（接收质量限）
灭菌	无菌性不合格	A[a]	N/A
残留粉末	超出最大限制（2.0mg）	N=5	N/A
蛋白质含量	超出最大推荐限制（200ig/dm²）	N=3	N/A
粉末含量	超出最大推荐限制（15mg/dm²）	N=2	N/4
抗原蛋白含量	超出最大推荐限制（10ig/dm²）	N=1	N/4

a　A：见美国药典规定。

表 5-3-14　一次性使用灭菌橡胶外科手套中美标准比对——尺寸与公差

国家	标准号	规格	宽度（尺寸 w）/ mm	最小长度（尺寸 l）/ mm	最小厚度 /mm
中国	GB 7543—2006	5	67 ± 4	250	对于所有规格 指尖位置： 光面：0.10； 纹理：0.13
		5.5	72 ± 4	250	
		6	77 ± 5	260	
		6.5	83 ± 5	260	
		7	89 ± 5	270	
		7.5	95 ± 5	270	
		8	102 ± 6	270	
		8.5	108 ± 6	280	
		9	114 ± 6	280	
		9.5	121 ± 6	280	
美国	ASTM D 3577—2019	$5\frac{1}{2}$	70 ± 6	245	对于所有规格： 指尖位置：0.1； 手掌位置：0.1； 袖口位置：0.1
		6	76 ± 6	265	
		$6\frac{1}{2}$	83 ± 6	265	
		7	89 ± 6	265	
		$7\frac{1}{2}$	95 ± 6	265	
		8	102 ± 6	265	
		$8\frac{1}{2}$	108 ± 6	265	
		9	114 ± 6	265	
		$9\frac{1}{2}$	121 ± 6	265	

表 5-3-15 一次性使用聚氯乙烯医用检查手套中美标准比对——物理性能、灭菌和不透水性要求

国家	标准号	物理性能	灭菌	不透水性
中国	GB 24786—2009（修改采用 ISO 11193-2: 2006）	老化前扯断力：≥4.8N；老化前拉断伸长率：≥350%；老化条件：70℃±2℃，168h±2h；老化前后性能不变	如果手套是灭菌的，应按要求标识手套灭菌处理的类型	不透水
美国	ASTM 5250—2006	老化前拉伸强度：≥11MPa；老化前拉断伸长率：≥300%；老化条件：70±2℃，72±2h；老化前后性能不变	如果手套是灭菌的，应符合美国药典最新版本规定的灭菌要求	不透水
差异分析	中国标准修改采用国际标准 11193.2: 2006，将最小扯断力由 7.0N 修改为 4.8N。美国标准与国际标准的要求表达不一致，经换算，手掌处取样扯断力最小值相当于 5.28N，高于国标要求。断裂伸长率略低于国标要求。对手套老化后拉伸性能没有要求。拉断伸长率（≥300%）略低于我国国家标准要求（≥350%）。老化条件低于中国标准要求。国内的灭菌方法主要有两种：γ- 射线法与环氧乙烷法。美国标准规定灭菌需要按美国药典的要求			

表 5-3-16 一次性使用聚氯乙烯医用检查手套中美标准比对——检查水平和接收质量限（AQL）

国家	标准号	物理尺寸	不透水性	扯断力和拉断伸长率
中国	GB 24786—2009（修改采用 ISO 11193—2: 2006）	检查水平：S-2；AQL：4.0	检查水平：G-1；AQL：2.5	检查水平：S-2；AQL：4.0
美国	ASTM D 5250—2006	检查水平：S-2；AQL：4.0	检查水平：I ；AQL：2.5	检查水平：S-2；AQL：4.0
差异分析	中国标准和美国标准在物理尺寸、不透水性、物理性能方面检查水平和接收质量限一致。美国标准对灭菌、残留粉末、粉末含量、抗原蛋白含量和蛋白含量做出了检查水平和接收质量限相关规定。具体要求见表 5-3-17			

表 5-3-17 ASTM D 5250—2006 的具体要求

项目	相关缺陷	检测水平	AQL（接收质量限）
灭菌	无菌性不合格	A[a]	N/A
残留粉末	超出最大限制（2.0mg）	N=5	N/A
粉末含量	超出最大推荐限制（10mg/dm²）	N=2	N/4

a A：见美国药典规定。

表 5-3-18 一次性使用聚氯乙烯医用检查手套中美标准比对——尺寸与公差

国家	标准号	规格	宽度（尺寸 w）/mm	规格	标称宽度（尺寸 w）/mm	最小长度（尺寸 w）/mm	最小厚度（指尖）/mm	最大厚度（大约在手掌的中心）/mm
中国	GB 24786—2009	6 及以下	≤82					
		6 ½	83±5					
		7	89±5					
		7 ½	95±5					
		8	102±6					
		8 ½	109±6					
		9 及以上	≥110					
美国	ASTM D 5250—2006			特小（X-S）	≤80	220	光面：0.08；麻面：0.11	光面：0.22；麻面：0.23
				小（S）	80±10	220		
				中（M）	95±10	230		
				大（L）	110±5	230		
				特大（X-L）	≥110	230		
				小号	85±6	所有尺寸：230	所有尺寸：0.05	所有尺寸：0.08
				均码	95±5			
				大号	105±5			
				特大号	115±5			

差异分析：比对中国国家标准尺寸规定，美国标准对最小长度要求所有尺寸统一为 230mm，没有规定最大厚度要求，但规定了掌心处的最小厚度，指尖的最小厚度要求略小于中国标准。

第四节 职业用眼面防护具

专家组收集、汇总并比对了中国与美国眼护具标准共 2 项，其中：中国国家标准 1 项《个人用眼护具技术要求》（GB 14866—2006），美国标准 1 项《职业和教育用眼护具》（ANSI/ISEA Z 87.1—2015）。

比对分析中主要选择了镜片规格、镜片外观质量、屈光度、棱镜度、可见光透射比、冲击性能、耐热性能、耐腐蚀性能、镜片耐磨性、防高速粒子冲击性能、化学雾滴防护性能、粉尘防护性能和刺激性气体防护性能共 13 技术指标，具体比对情况见表 5-4-1 ~ 表 5-4-4。

表5-4-1 职业用眼面防护具中美标准比对——镜片规格、外观、屈光度、棱镜度

国家	标准号	镜片规格	镜片外观质量	屈光度	棱镜度
中国	GB 14866—2006	a）单镜片： 长×宽尺寸不小于：105mm×50mm； b）双镜片： 圆镜片的直径不小于40mm；成形镜片的水平基准长度×垂直高度尺寸不小于：30mm×25mm	镜片表面应光滑无划痕、波纹、气泡、杂质或其他可能有损视力的明显缺陷	镜片屈光度互差 镜片屈光度为 $^{+0.05}_{-0.07}D$	a）平面型镜片棱镜度互差不得超过0.125△； b）曲面型镜片的镜片中心与其他各点之间垂直水平和棱镜度互差均不得超过0.125△； c）左右眼镜片的棱镜度互差不得超过0.18△
美国	ANSI/ISEA Z87.1—2015	护目镜（圆形镜片）：直径50mm±0.2mm； 眼镜（矩形镜片）：51mm×108mm，公差±0.8mm	镜片应无裂缝、气泡、细纹或其他可见的能有损视力的缺陷	眼镜、全面罩护目镜、焊接面罩：±0.06 D_o。 宽视野呼吸器护目镜：无规定	a）眼镜≤0.50△，垂直公差≤0.25△，内镜片公差≤0.25△，外镜片差≤0.50△； b）全面罩＜0.25△，内镜片互差≤0.125△，垂直互差≤0.125△，外镜片互差≤0.50△； c）宽视野呼吸器护目镜≤0.37△，内镜片互差≤0.125△，垂直互差≤0.37△，内镜片互差≤0.125△，外镜片互差≤0.75△； d）焊接头盔≤0.50△，垂直互差≤0.25△，内镜片互差≤0.25△，外镜片互差≤0.75△
差异分析		中国标准与美国标准在镜片规格和外观质量两个项目上并无显著差异，中国标准是根据眼面防护具镜片的形式进行规定。中国标准与美国标准相比略有差异，中国标准对正偏差要求严格，而对负偏差相对要求略低。棱镜度指标中国标准根据镜片类型进行规定，而美国标准从眼面护具护具类型进行规定，从技术要求看着部分严于美国国标准			

表5-4-2 职业用眼面防护具中美标准比对——可见光透射比、抗冲击、耐热性能

国家	标准号	可见光透射比	抗冲击性能	耐热性能
中国	GB 14866—2006	a）在镜片中心范围内，滤光镜可见光透射比的相对误差应符合表5-4-3中规定的范围； b）无色透明镜片：可见光透射比应大于0.89	用于抗冲击的眼护具，镜片和眼护具应能经受直径22mm，重约45g钢球从1.3m下落的冲击	经67℃±2℃高温处理后，应无异常现象，可见光透射比、屈光度、棱镜度满足标准要求
美国	ANSI/ISEA Z87.1—2015	无滤光作用的镜片，其透射比应≥85%。	a）落球冲击。用于抗冲击的眼护具和眼护具应能经受直径25.4mm的钢球从1.27m~1.30m高度下落的冲击。 b）重物冲击。有特定冲击保护的眼护具，应能受重量不小于500g的钢锥从127mm高处下落冲击	—
差异分析	中国标准和美国标准对可见光透射比试验方法上并无区别，但中国标准对无色镜片的透射比的要求高于美国标准。中国标准抗冲击性能采用直径22mm，重约45g的钢球，而美国采用直径25.4mm的钢球，其冲击动能大于中国标准，此外，美国标准对有特殊冲击防护的眼护具冲击进行了规定。美国标准对耐热性能并未规定			

表5-4-3 可见光透射比相对误差

透射比	相对误差 /%
1.00～0.179	±5
0.179～0.085	±10
0.085～0.0044	±10
0.0044～0.00023	±15
0.00023～0.000012	±20
0.000012～0.00000023	±30

表 5-4-4 职业用眼面防护具中美标准比对 - 耐腐蚀性和其他性能

国家	标准号	耐腐蚀性能	有机镜片表面耐磨性	眼护具类型	防高速粒子冲击性能 直径 6mm、质量约 0.86g 钢球冲击速度			化学雾滴防护性能	粉尘防护性能	刺激性气体防护性能
					45m/s~46.5m/s	120m/s~123m/s	190m/s~195m/s			
中国	GB 14486—2006	眼护具的所有金属部件应呈无氧化的光滑表面	镜片表面磨损率 H 应低于 8%	眼镜	允许	不允许	不允许	经显色喷雾测试,若镜片中心范围内试纸无色斑出现,则认为合格	若测试后与测试前的反射率比大于 80%,则为合格	若镜片中心范围内试纸无色斑出现,则认为合格
				眼罩	允许	允许	不允许			
				面罩	允许	允许	允许			

国家	标准号	耐腐蚀性能	有机镜片表面耐磨性	眼护具类型	直径 6.35mm 钢球冲击速度	直径 6.00mm 钢珠冲击速度	化学雾滴防护性能	粉尘防护性能	刺激性气体防护性能
美国	ANSI/ISEA Z87.1—2015	眼护具的所有金属部件应呈无氧化的光滑表面	—	焊接头盔、眼镜	45.7m/s	50.9m/s	经显色喷雾测试,若镜片中心范围内试纸变色过允许的范围,则认为合格	试验后的反射率不小于试验前值的 80%	镜片防护范围内不得观察到红色
				眼罩	76.2m/s	84.7m/s			
				面罩	91.4m/s	101.5m/s			

差异分析：中国标准和美国标准在耐腐蚀性能、防高速粒子冲击性能、化学雾滴防护性能、粉尘防护性能、刺激性气体防护性能虽然根据产品用途均对冲击速度进行分等,而对于防护性能的试验方法上并无区别,粉尘防护性能、化学雾滴防护性能和面罩冲击速度均小于中国标准。美国标准将刺激性气体称为细粉尘防护,而美国标准对有机镜片表面耐磨性并未规定

第五节 呼吸机

专家组收集、汇总并比对了中国与美国呼吸机相关标准4项，其中：中国2项，美国2项，具体标准比对情况如下。

在通用安全方面，我国现行国家标准《医用电气设备 第1部分：安全通用要求》（GB 9706.1—2007）和美国国家标准《医用电气设备 第1部分：基本安全和基本性能的通用标准》（ANSI AAMI ES60601-1：2005 /（R）2012 and A1：2012）均采用了国际标准 IEC 60601-1，但两个国家采用的国际标准版本不一致，中国等同采用 IEC 60601-1：1995，美国则修改采用了 IEC 60601-1：2005，指标差异详见比对表1。中国已于2020年4月9日发布了新版 GB 9706.1—2020，标准修改采用 IEC 60601-1：2012。IEC 60601-1：2012 和 IEC 60601-1：2005 之间的关键性技术指标差异详见比对表5-5-1。

在专用标准方面，我国现行国家标准《医用电气设备 第2部分：呼吸机安全专用要求 治疗呼吸机》（GB 9706.28—2006）修改采用了国际标准 IEC 60601-2-12：2001，美国国家标准等同采用了国际标准 ISO 80601-2-12：2011，关键性技术指标差异详见表5-5-2。中国于2020年4月9日发布了新版安全通用标准《医用电器设备 第2-12部分：重症护理呼吸机的基本安全和基本性能专用要求》（GB 9706.212—2020），GB 9706.212—2020 修改采用国际标准 ISO 60601-2-12：2011，但与 ISO 60601-2-12：2011 之间无关键性技术指标差异。因此，我国新发布的国家标准与美国国家标准之间无技术性指标差异。

表 5-5-1 用于 ICU 重症监护室的呼吸机中美安全通用标准比对

国家	标准号	标准名称	与国际标准的对应关系
中国	GB 9706.1—2007	医用电气设备 第1部分：安全通用标准	IEC 60601-1：1995，IDT
美国	ANSI AAMI ES60601-1：2005 /（R）2012 and A1：2012	医用电气设备 第1部分：基本安全和基本性能的通用标准	IEC 60601-1：2005，MOD

续表

国家	标准号	标准名称	与国际标准的对应关系
差异分析	1. 各国家标准与国际标准对应关系： ——中国标准等同采用国际标准 IEC 60601-1：1995。 注：2020 年 4 月 9 日，中国发布新版呼吸机安全通用标准 GB 9706.1—2020，新标准修改采用国际标准 IEC 60601-1：2012，与国际标准相比较，没有重要技术指标的修改。 ——美国国家标准等同采用国际标准 IEC 60601-1：2005。 2. 国际标准各版本间比较： ——IEC 60601-1：2012 取消并代替了 IEC 60601-1：2005，而 IEC 60601-1：2005 取消并代替 IEC 60601-1：1995。 ——相对于 IEC 60601-1：1995，IEC 60601-1：2005 主要作了如下技术内容的修改： 增加了对基本性能识别的要求； 增加了机械安全的相关要求； 区分了对操作者的防护和患者防护不同的要求； 增加了防火的要求。 ——IEC 60601-1：2012 与 IEC 60601-1：2005 之间无关键性技术指标的变化			

表 5-5-2　用于 ICU 重症监护室的呼吸机中美专用标准比对

国家	标准号	标准名称	与国际标准的对应关系
中国	GB 9706.28—2006	医用电气设备　第 2 部分：呼吸机安全专用要求　治疗呼吸机	IEC 60601-2-12：2001，MOD
美国	ISO 80601-2-12：2011	医用电气设备　第 2-12 部分：危重护理呼吸机的基本安全和基本性能专用要求	ISO 80601-2-12：2011，IDT
差异分析	1. 各国家标准与国际标准对应关系： ——中国标准修改采用国际标准 IEC 60601-2-12：2001，与国际标准相比较，没有关键性技术指标的修改。 注：2020 年 4 月 9 日，中国发布新版呼吸机专用标准 GB 9706.212—2020，新标准修改采用国际标准 ISO 80601-2-12：2011，与国际标准相比较，没有关键性技术指标的修改。 ——美国国家标准等同采用国际标准 ISO 80601-2-12：2011。 2. 国际标准各版本间比较： ——ISO 80601-2-12：2011 取消并代替了 IEC 60601-2-12：2001，相对于 IEC 60601-2-12：2001，ISO 80601-2-12：2011 主要作了如下技术内容的修改： 修改了适用范围，涵盖了可能影响呼吸机基本安全和基本性能的附件； 修改了呼气支路阻塞（持续气道压力）报警状态的要求； 进一步增加了通气性能测试要求； 增加了机械强度（防冲击和振动）测试要求； 增加了外壳防水要求。 ——ISO 80601-2-12：2011 与 IEC 60601-2-12：2001 之间无关键性技术指标的变化			

第六节　测温仪

专家组收集、汇总并比对了中国与美国医用测温仪相关标准 6 项，其中：中国国家标准 3 项，美国国家标准 3 项，具体标准比对情况如下：

适用于医用测温仪现行有效国内标准有 3 项，具体见表 5-6-1。

表 5-6-1 医用测温仪中国标准明细表

序号	标准号	标准名称
1	GB 9706.1—2007	医用电气设备 第 1 部分：安全通用要求
2	GB/T 1417.1—2008	医用红外体温计 第 1 部分：耳腔式
3	GB/T 21416—2008	医用电子体温计

以下针对 GB 9706.1、GB/T 21417.1、GB/T 21416 与国外标准进行比对。

在通用安全方面，我国现行国家标准 GB 9706.1—2007 和美国国家标准《医用电气设备 第 1 部分：基本安全和基本性能的通用标准》[ANSI/AAMI ES60601-1：2005/（R）2012］均采用了国际标准 IEC 60601-1，但两个国家采用的国际标准版本不一致，关键性技术指标差异详见表 5-6-2。中国已于 2020 年 4 月 9 日发布了新版安全通用标准 GB 9706.1—2020，采用国际标准 IEC 60601-1：2012。

在专用标准方面，在专用标准上我国有两份国家推荐标准，GB/T 21417.1—2008 和 GB/T 21416—2008，而美国相关标准为《间歇测定患者体温的红外温度计的标准规范》（ASTM E 1965-98：2016）和《间歇性测定患者体温的电子温度计的标准规范》[ASTM E1112-00（2018）]。具体比对见表 5-6-3、表 5-6-4。

表 5-6-2 医用测温仪中美安全通用标准比对

国家	标准号	标准名称	与国际标准的对应关系
中国	GB 9706.1—2007	医用电气设备 第 1 部分：安全通用标准	IEC 60601-1：1995，IDT
美国	ANSI/AAMI ES60601-1：2005/（R）2012	医用电气设备 第 1 部分：基本安全和基本性能的通用标准	IEC 60601-1：2012，MOD
差异分析		1. 中美标准与国际标准对应关系： ——中国标准等同采用国际标准 IEC 60601-1：1995。 注：2020 年 4 月 9 日，中国发布新版安全通用标准 GB 9706.1—2020，新标准修改采用国际标准 IEC 60601-1：2012，与国际标准相比较，没有重要技术指标的修改。 ——美国标准修改采用国际标准 IEC 60601-1：2012。美国标准在 IEC 标准基础上根据本国情况做了部分修改，但内容基本一致。 2. 国际标准各版本间比较： ——IEC 60601-1：2012 取消并代替了 IEC 60601-1：2005，而 IEC 60601-1：2005 取消并代替 IEC 60601-1：1995。 ——相对于 IEC 60601-1：1995，IEC 60601-1：2012 主要作了如下技术内容的修改： 增加了对基本性能识别的要求； 增加了机械安全的相关要求； 区分了对操作者的防护和患者防护不同的要求； 增加了防火的要求	

表 5-6-3　医用测温仪中美标准比对——红外测温仪

类别	标准号	比对项目		
		最大允许误差		温度显示范围
中国标准	GB/T 21417.1—2008	在 35.0℃ ~ 42.0℃ 内	± 0.2℃	不窄于 35.0℃ ~ 42.0℃
		在 35.0℃ ~ 42.0℃ 外	± 0.3℃	
国际标准	ISO 80601-2-56：2017/AMD1：2018	正常使用时，额定输出范围内实验室准确度	± 0.3℃	不窄于 34.0℃ ~ 42.0℃
		额定输出范围外实验室准确度	± 0.4℃	
美国标准	ASTM E 1965-98：2016	在 36℃ ~ 39℃（96.8℉ ~ 102.2℉）内	± 0.2℃（± 0.4℉）	耳腔：不窄于 34.4℃ ~ 42.2℃（94.0℉ ~ 108.0℉）
		在 36℃ ~ 39℃（96.8℉ ~ 102.2℉）外	± 0.3℃（± 0.5℉）	体表：不窄于 22.2℃ ~ 40.0℃（71.6℉ ~ 104.0℉）

表 5-6-4　医用测温仪中美标准比对——电子测温仪

类别	标准号	比对项目		
		最大允许误差		温度显示范围
中国标准	GB/T 21416—2008	低于 35.3℃	± 0.3℃	不窄于 35.0℃ ~ 41.0℃
		35.3℃ ~ 36.9℃	± 0.2℃	
		37.0℃ ~ 39.0℃	± 0.1℃	
		39.1℃ ~ 41.0℃	± 0.2℃	
		高于 41.0℃	± 0.3℃	
国际标准	ISO 80601-2-56：2017/AMD1：2018	正常使用时，额定输出范围内实验室准确度	± 0.3℃	不窄于 34.0℃ ~ 42.0℃
		额定输出范围外实验室准确度	± 0.4℃	
美国标准	ASTM E1112-00（2018）	低于 35.8℃	± 0.3℃	不窄于 35.5℃ ~ 41.0℃
		35.8℃ ~ 37℃	± 0.2℃	
		37℃ ~ 39℃	± 0.1℃	
		39℃ ~ 41℃	± 0.2℃	
		高于 41℃	± 0.3℃	

第七节　隔离衣、手术衣

专家组收集、汇总并比对了 10 项中国与美国手术衣相关标准，其中：中国医疗器械行业标准 7 项、美国标准 3 项。

我国无隔离衣产品标准，手术衣执行《病人、医护人员和器械用手术单、手术衣和洁净服》（YY/T 0506）系列行业标准，YY/T 0506 系列主要参考 EN 13795：2011。美国隔离衣和手术衣类标准体系与我国、欧盟等相比相对独立，主要执行《医用手术衣标准规范》ASTM F2407-06（13）、《医用隔离衣标准规范》（ASTM F3352—19）。两项标准都引用美国国家标准《医用防护用品和手术单的液体阻隔性能和分级》（ANSI/AAMI PB70：2012），对隔离衣和手术衣的液体阻隔性能进行评估和分级管理。

针对这些标准，重点比较分析了产品的阻隔性能（阻微生物穿透、抗渗水性）、物理性能（断裂强力、胀破强力）和微生物传递（落絮、洁净度）性能等关键性技术指标，形成比对分析情况见表 5-7-1、表 5-7-2。

表5-7-1 美国隔离标准和手术衣标准比对

比对项目		ASTM F2407—06 (13) 医用手术衣	ASTM F3352—19 医用隔离衣	差异比对
适用范围				
阻隔性能和分级（ANSI/AAMI PB70—2012）	阻静水压（关键区域：AATCC127）	1级：不要求；2级：≥20cmH₂O；3级：≥50cmH₂O	1级：不要求；2级：≥20cmH₂O；3级：≥50cmH₂O	手术衣仪关键区域有要求
	冲击渗透（关键区域：AATCC42）	1级：≤4.5g；2级和3级：≤1.0g	1级：≤4.5g；2级和3级：≤1.0g	
	阻病毒穿透（关键区域：ASTM F 1671）	1、2、3级：不要求；4级：通过	1、2、3级：不要求；4级：通过	
物理性能（仅有方法，无指标要求）	拉伸强力	关键区域：ASTM D 5034	关键区域：ASTM D 5034	手术衣仪关键区域有要求
	抗撕破	关键区域：ASTM D 5587（织造布）和 ASTM D 5733（非织造布）		
	接缝强力	接缝强度—关键区域：ASTM D 751（弹性编制或机织）		
	透气性	湿阻：ASTM F 1868 B 或水蒸气透过量（率）：ASTM D6701	湿阻：ASTM F 1868 B 或水蒸气透过量（率）：ASTM D6701 或 WSP70.4Mocon 方法	手术衣和隔离衣一致
	耐久性	无	耐磨性（马丁代尔法）：ASTM D4966；耐屈挠柔性方法：ASTMF392/F392M	美国隔离衣独有
落絮产生（仅有方法，无指标要求）		方法：ISO 9073-10	方法：ISO 9073-10	手术衣和隔离衣一致
无菌保证		有	有	
生物学要求		应按 ISO 10993-10 进行生物学评价（刺激与皮肤致敏）	应按 ISO 10993-10 进行生物学评价（刺激与皮肤致敏）	
关键区域的划分		有，符合 ANSI/AAMI PB 70	整个隔离衣都是关键区域	手术衣区分关键区域和非关键区域
中国无医用隔离衣产品标准，目前检索到的仅美国、加拿大有隔离衣的标准				

表 5-7-2 手术衣中美标准比对

比对项目		中国 YY/T 0506 系列 （参照 EN 13795：2011）	美国 ASTM F2407-06（13） ANSI/AAMI PB70-2012	差异比对
适用范围		医用手术衣、手术单和洁净服	医用手术衣	不同
阻隔性能	抗渗水性	标准性能—关键区域：≥20cmH$_2$O； 高性能—关键区域：≥100cmH$_2$O； 非关键区域：≥10cmH$_2$O	阻静水压—关键区域 AATCC127： 1 级：不要求； 2 级：≥20cmH$_2$O； 3 级：≥50cmH$_2$O 冲击渗透—关键区域 AATCC42： 1 级：≤4.5g； 2 级和 3 级：≤1.0g	我国与美国不同，美国分级管理
	阻微生物穿透—干态	非关键区域：≤300CFU； 关键区域：不要求	无	美国无此要求
	阻微生物穿透—湿态	标准性能—关键区域：≥2.8 IB； 非关键区域：不要求 高性能—关键区域：6.0 IB； 非关键区域：不要求	阻病毒穿透—关键区域： 1、2、3 级：不要求； 4 级：通过	我国与美国不同，美国分级管理
物理性能	断裂强力—干态	≥20N	拉伸强力—关键区域： ASTM D 5034：仅有方法，无指标要求	我国与美国不同，美国仅有类似方法，无指标要求
	断裂强力—湿态	关键区域：≥20N； 非关键区域：不要求		
	胀破强力—干态	≥40kPa	抗撕破—关键区域：ASTM D 5587（织造布）和 ASTM D 5733（非织造布）：仅有方法，无指标要求	我国与美国不同，美国仅有类似方法，无指标要求

续表

	比对项目	中国 YY/T 0506 系列 （参照 EN 13795：2011）	美国 ASTM F2407-06（13） ANSI/AAMI PB70-2012	差异比对
物理性能	胀破强力—湿态	关键区域：≥40kPa；非关键区域：不要求	接缝强力—关键区域：ASTM D 751（弹性编制或机织）	我国与美国不同，美国仅有类似方法，无指标要求
	透气性	若声称具有高透气性，非关键区域的透气性应≥150mm/s	湿阻：ASTM F 1868 B 或水蒸气透过量（率）：ASTM D6701（非织造布和塑料阻隔材料）；仅有方法，无指标要求	我国给出了具体要求，美国无指标要求
	落絮	≤4.0Log10（落絮计数）	落絮产生：ISO 9073-10；仅有方法，无指标要求	我国与美国技术上一致，但美国无指标要求
	洁净度—微粒物质	≤3.5IPM	无	美国无要求
微生物	洁净度—微生物	≤300CFU/dm²	无	
	无菌保证	以无菌提供的应符合 YY/T 0615.1	有	我国与美国技术上一致
	环氧乙烷残留	采用EO灭菌的，EO残留量应≤5μg/g	有，但无指标要求	我国独有
传递	生物学要求	应按GB/T 16886.1进行生物学评价	应按ISO 10993-10进行生物学评价（刺激与皮肤致敏）	我国与美国技术上一致
	关键区域的划分	标准中有具体图示和尺寸要求	有	我国与美国技术上一致
	规格	标准中有具体要求，并以附录的形式给出常见规格	有涉及，但未详细规定	我国独有
	折叠	有	无	我国独有
	系带连接牢固度	有	无	我国独有

第八节　防护鞋靴、防护帽

针对防护鞋靴、医用防护帽产品，专家组收集、汇总并比对防护鞋靴中国与美国相关标准6项，其中：中国国家标准4项，医药行业标准1项，美国1项。美国无医用防护帽产品相关标准，故无比对。

我国个体防护装备（PPE）鞋类执行标准有《个体防护装备　安全鞋》（GB 21148—2007）、《个体防护装备　防护鞋》（GB 21147—2007）、《个体防护装备　职业鞋》（GB 21146—2007）、《足部防护　电绝缘鞋》（GB 12011—2009）、《个体防护装备　鞋的测试方法》（GB/T 20991—2007）、《足部防护　防化学品鞋》（GB 20265—2019）、《一次性使用医用防护鞋套》（YY/T 1633—2019）；美国在防化学品鞋靴领域执行消防行业的行业标准《紧急医疗服务防护服装标准》（简称NFPA 1999—2018），其中规定了包含了防护鞋靴在内的紧急医疗作业用防护服和防护装具相关要求。

比对分析重点选取防化学品鞋靴关键性技术指标：防水性、防漏性、防滑性、鞋帮透水性和吸水性、鞋帮撕裂性能、鞋帮拉伸性能、抗化学品性能。中美防护鞋靴标准技术指标的比对情况，详见表5-8-1～表5-8-7。

表5-8-1　防护鞋靴中美标准比对——防水性

国家	标准号	防水性
中国	GB 21148—2007 GB 21147—2007 GB 21146—2007	行走测试：走完100槽长后水透入的总面积不应超过3cm²。 机器测试：15min后没有水透入发生。 测试方法：GB/T 20991—2007
	GB 20265—2019	行走测试：走完100槽长后水透入的总面积不应超过3cm²。 机器测试：80min后水透入的总面积不应超过3cm²
	YY/T 1633—2019	抗渗水性：材料的静水压≥1.67kPa（17cmH₂O）
美国	NFPA 1999—2018	FIA 1209液密完整性实验，要求完全无渗透
差异分析	中国标准在防水性的技术指标上同ISO、欧盟及其成员国（包括英国、德国、意大利和西班牙等）标准上较为接近。 美国标准NFPA 1999—2018要求为整鞋液密性实验，无单独防水要求	

表 5-8-2 防护鞋靴中美标准比对——防漏性

国家	标准号	防漏性
中国	GB 21148—2007 GB 21147—2007 GB 21146—2007	应没有空气泄漏，测试方法：GB/T 20991—2007
	GB 20265—2019	应没有空气泄漏
	YY/T 1633—2019	—
美国	NFPA 1999—2018	有液密/防生物穿透要求，无单独防漏要求
差异 分析	中国标准在防漏性的测试指标上借鉴了 ISO、欧盟及其成员国（包括英国、德国、意大利和西班牙等）标准，但技术要求低。 美国标准中，对鞋阻隔材料提出了体液性病原体检测要求，要采用 Phi-X174 噬菌体进行生物穿透性测试，看是否有生物病原体透过	

表 5-8-3 防护鞋靴中美标准比对——防滑性

国家	标准号	防滑性		
中国	GB 21148—2007 GB 21147—2007 GB 21146—2007	无技术要求		
	GB 20265—2019	等级	摩擦系数技术要求	
		瓷砖	脚跟前滑≥0.28，脚平面前滑≥0.32	
		钢板	脚跟前滑≥0.13，脚平面前滑≥0.18	
		瓷砖+钢板	同时满足 SRA 和 SRB	
	YY/T 1633—2019	—		
美国	NFPA 1999—2018	ASTM F2913	摩擦系数（FOC）≥0.40； 潮湿环境（ASTM 实验要求）： 脚跟前滑≥0.513，脚平面前滑≥0.519	
差异 分析	中国标准 GB 21148—2007、GB 21147—2007 和 GB 21146—2007 在防滑性上无要求。中国标准 GB 20265—2019 的技术要求和测试方法上同 ISO、欧盟及其成员国（包括英国、德国、意大利和西班牙等）的标准大体一致。 美国标准依托于 ASTM F2913 防滑测试，NFPA 标准中摩擦系数合格范围要略高于实验中的前后脚摩擦合格实验范围			

表 5-8-4 防护鞋靴中美标准比对——鞋帮透水性和吸水性

国家	标准号	鞋帮透水性和吸水性
中国	GB 21148—2007 GB 21147—2007 GB 21146—2007	鞋帮测试样品的透水量不应高于 0.2g，吸水率不应高于 30% 测试方法：GB/T 20991—2007
	GB 20265—2019	鞋帮测试样品的透水量不应高于 0.2g，吸水率不应高于 30%
	YY/T 1633—2019	鞋帮表面抗湿性：沾水等级≥2 级
美国	NFPA 1999—2018	液密完整性实验：指示纸指示，无液体渗透
差异分析	中国标准在鞋帮透水性和吸水性上同 ISO、欧盟及其成员国（包括英国、德国、意大利和西班牙等）的标准要求一致。 美国标准 NFPA 1999—2018 无单独鞋帮透水性和吸水性要求，此标准内的相关实验为整鞋液密性实验 FIA 1209，无单独鞋帮透水吸水性指标	

表 5-8-5 防护鞋靴中美标准比对——鞋帮撕裂性能

国家	标准号	鞋帮撕裂性能
中国	GB 21148—2007 GB 21147—2007 GB 21146—2007	皮革≥120N； 涂敷织物和纺织品≥60N； 测试方法：GB/T 20991—2007
	GB 20265—2019	皮革≥120N； 涂敷织物和纺织品≥60N
	YY/T 1633—2019	断裂强力≥40N
美国	NFPA 1999—2018	ASTM D1683 撕裂性能性测试≥50N（11.2 lbf）
差异分析	中国标准在鞋帮撕裂性能上同 ISO、欧盟及其成员国（包括英国、德国、意大利和西班牙等）的标准要求一致。 美国标准 NFPA 1999—2018 依托于 ASTM D1683 断裂性测试，标准中要求所有材质大于50N，无单独材质规定	

表 5-8-6 防护鞋靴中美标准比对——鞋帮拉伸性能

国家	标准号	鞋帮拉伸性能
中国	GB 21148—2007 GB 21147—2007 GB 21146—2007	皮革抗张强度≥15N/mm²； 橡胶扯断强力≥180N； 聚合材料 100% 定伸应力 1.3N/mm² ~ 4.6N/mm²； 聚合材料扯断伸长率≥250%； 测试方法：GB/T 20991—2007
中国	GB 20265—2019	皮革抗张强度≥15N/mm²； 橡胶扯断强力≥180N； 聚合材料 100% 定伸应力 1.3N/mm² ~ 4.6N/mm²； 聚合材料扯断伸长率≥250%
	YY/T 1633—2019	材料断裂强力≥40N； 材料断裂伸长率≥15%
美国	NFPA 1999—2018	ASTM D5034 拉升性能测试≥50N（11.2 lbf）
差异 分析		中国标准在鞋帮拉伸性能上同 ISO、欧盟及其成员国（包括英国、德国、意大利和西班牙等）的标准要求一致。 美国标准 NFPA 1999—2018 依托于 ASTM D5034 拉伸性能测试，标准中要求所有材质大于 50N，无单独材质规定

表 5-8-7 防护鞋靴中美标准比对——抗化学品性能

国家	标准号	抗化学品性能		
中国	GB 21148—2007 GB 21147—2007 GB 21146—2007	无单独的技术要求		
	GB 20265—2019	接触时间分类	抗化学品 分类或分级要求	化学品 测试方法
		降解级 渗透级	测试化学品，渗透时间分级	降解
				渗透
美国	NFPA 1999—2018	生物渗透性	Phi-X174 噬菌体无穿透	ASTM F 1671
差异 分析		中国标准在抗化学品的检测上同欧盟及其成员国（包括英国、德国、意大利和西班牙等）的标准要求有一定的差距。 美国标准 NFPA 1999—2018 对于防护鞋靴，无化学品渗透要求，只有防生物渗透性能要求		

第九节 基础纺织材料

针对用于口罩、防护服、医用隔离衣、手术衣等物资生产的基础纺织材料，专家组收集、汇总并比对了中国与美国标准 58 项，其中：中国标准 43 项，美国标准 15 项，具体比对分析情况如下。

在基础通用标准方面，我国制定了《纺织品 非织造布 术语》（GB/T 5709—1997）、《非织造布 疵点的描述 术语》（FZ/T 01153—2019）2 项标准，未检索到美国基础通用术语标准。

在口罩用基础纺织材料方面，我国有《熔喷法非织造布》（FZ/T 64078—2019）和《纺粘热轧法非织造布》（FZ/T 64033—2014）2 项标准，未检索到美国口罩用材料的产品标准。

在防护服用基础纺织材料方面，我国有《纺粘、熔喷、纺粘（SMS）法非织造布》（FZ/T 64034—2014）1 项标准，未检索到美国防护服用纺织材料产品标准。

在医用隔离衣用基础纺织材料方面，中、美两国各有 1 项标准，关键技术参数指标比对见表 5-9-1、表 5-9-2。

在手术防护用基础纺织材料方面，我国标准 2 项，美国标准 1 项。关键技术参数指标比对见表 5-9-3。

在试验方法标准方面，我国标准 35 项，美国标准 14 项，我国标准与美国及其他国外标准的对应情况见表 5-9-4。

表 5-9-1 隔离衣用基础纺织材料中美标准比对——考核项目

国家	标准号	隔离衣考核项目											
		阻病原体穿透（静水压）	阻病原体穿透（喷淋冲击渗水量）	抗合成血液穿透性	胀破强度	断裂强力	透湿率	抗静电性	细菌菌落总数	真菌菌落总数	大肠菌群	致病性化脓菌	单位面积质量偏差率
中国	GB/T 38462—2020	静水压	喷淋冲击渗水量										
美国	ANSI/AAMI PB70—2012	静水压	喷淋冲击渗水量	AMMI PB70 仅针对产品的液体阻隔性能相关指标进行规定，不涉及其他要求									

表 5-9-2 隔离衣用基础纺织材料中美标准比对——液体阻隔性能

国家	中国				美国			
标准号	GB/T 38462—2020				ANSI/AAMI PB70—2012			
标准名称	纺织品 隔离衣用非织造布				医疗保健设施中使用的防护服和防护单的液体阻隔性能要求和分类			
适用范围	适用于医护及探视人员穿用的一次性隔离衣用非织造布				适用于医疗保健设施的防护服装、手术单和手术单附件			
考核项目	指标要求							
分级	I	II	III	IV	1	2	3	4
喷淋冲击渗水量/g	≤4.5	≤1.0	≤1.0	不要求	≤4.5	≤1.0	≤1.0	—
静水压/kPa	不要求	≥1.8（18cmH$_2$O）	≥4.4（45cmH$_2$O）	≥9.8（100cmH$_2$O）	—	≥20cmH$_2$O	≥50cmH$_2$O	—
阻病原体液体穿透	不要求	不要求	不要求	合格	隔离衣产品不要求			
抗合成血液穿透性/级	不要求	不要求	不要求	≥4	—	—	—	通过

表5-9-3　手术衣防护基础纺织材料中美标准比对——关键技术指标

国家	标准	分级	阻微生物穿透—干态/CFU	阻微生物穿透—湿态/IB	洁净度—微生物（CFU/dm²）	洁净度—微粒物质/IPM	落絮/Log10（落絮计数）	静水压/cmH₂O	胀破强度/kPa 干态	胀破强度/kPa 湿态	断裂强力/N 干态	断裂强力/N 湿态	抗酒精渗透性能/级
中国	GB/T 38014—2019	A	不要求	6.0	≤200	≤3.5	≤4.0	≥100	≥50	≥50	≥30	≥30	≥7
		B	不要求	≥2.8	≤200	≤3.5	≤4.0	手术衣≥20 手术单≥30	≥50	≥50	手术衣≥30 手术单≥20	手术衣≥30 手术单≥20	≥7
		C	≤300	不要求	≤200	≤3.5	≤4.0	≥10	≥50	不要求	手术衣≥30 手术单 a ≥20	不要求	不要求
		D	≤300	不要求	≤200	≤3.5	≤4.0	不要求	≥50	不要求	≥30	不要求	不要求
	FZ/T 64054—2015	—	—	—	—	—	≤4.0	≥7	—	—	经向≥420 纬向≥280	—	≥3
美国	ANSI/AAMI PB70-2012	对产品的液体阻隔性能进行分级，1级要求防水渗透性≤4.5g，2级要求防水渗透性≤1.0g，静水压≥20cm，3级要求防水透性≤1.0g，静水压≥50cm，4级手术衣要求抗病原体穿透性合格，手术单要求抗合成血液渗透性合格											

a 用于高性能非关键区手术单时≥30。

187

表5-9-4　中国与美国及其他国际基础纺织材料方法标准对应表

中国标准		对应美国及其他国外标准
GB/T 24218.1—2009 纺织品　非织造布试验方法　第1部分：单位面积质量的测定（采ISO）	ISO	ISO 9073-01：1989 纺织品　非织造布试验方法　第1部分：单位面积质量的测定
GB/T 24218.2—2009 纺织品　非织造布试验方法　第2部分：厚度的测定（采ISO）	ISO	ISO 9073-02：1995 纺织品　非织造布试验方法　第2部分：厚度的测定
GB/T 24218.3—2010 纺织品　非织造布试验方法　第3部分：断裂强力和断裂伸长率的测定（条样法）（采ISO）	ISO	ISO 9073-03：1989 纺织品　非织造布试验方法　第3部分：断裂强力和断裂伸长率的测定
GB/T 24218.5—2016 纺织品　非织造布试验方法　第5部分：耐机械穿透性的测定（钢球顶破法）（采ISO）	ISO	ISO 9073-05：2008 纺织品　非织造布试验方法　第5部分：耐机械穿透性的测定（钢球顶破法）
GB/T 24218.6—2010 纺织品　非织造布试验方法　第6部分：吸收性的测定（采ISO）	ISO	ISO 9073-06：2000 纺织品　非织造布试验方法　第6部分：吸收性的测定
GB/T 24218.8—2010 纺织品　非织造布试验方法　第8部分：液体穿透时间的测定（模拟尿液）（采ISO）	ISO	ISO 9073-08：1995 纺织品　非织造布试验方法　第8部分：液体穿透时间的测定（模拟尿液）
GB/T 24218.10—2016 纺织品　非织造布试验方法　第10部分：干态落絮的测定（采ISO） YY/T 0506.4—2016 病人、医护人员和器械用手术单、手术衣和洁净服　第4部分：干态落絮试验方法	ISO	ISO 9073-10：2003 纺织品　非织造布试验方法　第10部分：干态落絮的测定
GB/T 24218.11—2012 纺织品　非织造布试验方法　第11部分：溢流量的测定（采ISO）	ISO	ISO 9073-11：2002 纺织品　非织造布试验方法　第11部分：溢流量的测定
GB/T 24218.12—2012 纺织品　非织造布试验方法　第12部分：受压吸收性的测定（采ISO）	ISO	ISO 9073-12：2002 纺织品　非织造布试验方法　第12部分：受压吸收性的测定
GB/T 24218.13—2010 纺织品　非织造布试验方法　第13部分：液体多次穿透时间的测定（采ISO）	ISO	ISO 9073-13：2006 纺织品　非织造布试验方法　第13部分：液体多次穿透时间的测定
GB/T 24218.14—2010 纺织品　非织造布试验方法　第14部分：包覆材料反湿量的测定（采ISO）	ISO	ISO 9073-14：2006 纺织品　非织造布试验方法　第14部分：包覆材料反湿量的测定
GB/T 24218.15—2018 纺织品　非织造布试验方法　第15部分：透气性的测定（采ISO）	ISO	ISO 9073-15：2007 纺织品　非织造布试验方法　第15部分：透气性的测定

续表

中国标准	对应美国及其他国外标准	
GB/T 24218.16—2017 纺织品 非织造布试验方法 第16部分：抗渗水性的测定（静水压法）（采ISO） GB/T 4744—2013 纺织品防水性能的检测和评价 静水压法（采ISO）	ISO	ISO 9073-16：2007 纺织品 非织造布试验方法 第16部分：抗渗水性的测定（静水压法）
	ISO	ISO 811：1981 纺织品防水性能的检测和评价 静水压法
	美国	AATCC 127 抗水性：静水压测试
GB/T 24218.17—2017 纺织品 非织造布试验方法 第17部分：抗渗水性的测定（喷淋冲击法）（采ISO） YY/T 1632—2018 医用防护服材料的阻水性：冲击穿透测试方法	ISO	ISO 18695：2007 纺织品 阻水穿透测试 冲击穿透试验
	ISO	ISO 9073-17：2008 纺织品 非织造布试验方法 第17部分：抗渗水性的测定（喷淋冲击法）
	美国	AATCC 42 抗水性：耐冲击渗透测试
GB/T 24218.18—2014 纺织品 非织造布试验方法 第18部分：断裂强力和断裂伸长率的测定（抓样法）（采ISO）	ISO	ISO 9073-18：2007 纺织品 非织造布试验方法 第18部分：断裂强力和断裂伸长率的测定（抓样法）
GB/T 24218.101—2010 纺织品 非织造布试验方法 第101部分：抗生理盐水性能的测定（梅森瓶法）	—	—
GB/T 3917.3—2009 纺织品 织物撕破性能 第3部分：梯形试样撕破强力的测定（采ISO）	ISO	ISO 9073-04：1997 纺织品 织物撕破性能 第3部分：梯形试样撕破强力的测定
GB/T 18318.1—2009 纺织品 弯曲性能的测定 第1部分：斜面法（采ISO）	ISO	ISO 9073-07：1995 纺织品 非织造布试验方法 第7部分 弯曲长度的测定
GB/T 23329—2009 纺织品 织物悬垂性的测定（采ISO）	ISO	ISO 9073-09：2008 纺织品 非织造布试验方法 第9部分：悬垂性的测定
GB/T 38413—2019 纺织品 细颗粒物过滤性能试验方法	欧盟	EN 13274-7：2002 呼吸防护装置 试验方法 第7部分：细颗粒物过滤能的测定
GB/T 7742.1—2005 纺织品 织物胀破性能 第1部分：胀破强力和胀破扩张度的测定 液压法（采ISO）	ISO	ISO 13938-1：1999 纺织品 织物胀破性能 第1部分：胀破强力和胀破扩张度的测定 液压法
GB/T 24120—2009 纺织品 抗乙醇水溶液性能的测定	ISO	ISO 23232：2009 纺织品 抗乙醇水溶液性能的测定
YY/T 0689 血液和体液防护装备 防护服材料抗血液传播病原体穿透性能测试 Phi-X174 噬菌体试验方法	ISO	ISO 16604：2004 血液和体液防护装备 防护服材料抗血液传播病原体穿透性能测试 Phi-X174 噬菌体试验方法
	美国	ASTM F1671 使用 Phi-X174 噬菌体渗透作为试验系统的血源性病原体对防护服装使用的抗渗透材料用试验方法

续表

中国标准	对应美国及其他国外标准	
YY/T 0700—2008 血液和体液防护装备 防护服材料抗血液和体液穿透性能测试 合成血试验方法	ISO	ISO 16603 血液和体液防护装备 防护服材料抗血液和体液穿透性能测试 合成血试验方法
	美国	ASTM F903—2018 防护服用材料耐液体渗透性的试验方法
	美国	ASTM F1670/F1670M-2017 防护服材料对合成血液渗透的阻力的标准试验方法
YY/T 0506.5—2009 病人、医护人员和器械用手术单、手术衣和洁净服 第5部分：阻干态微生物穿透试验方法	ISO	ISO 22612：2005 防传染病病原体的防护服—阻干态微生物穿透试验方法
YY/T 0506.6—2009 病人、医护人员和器械用手术单、手术衣和洁净服 第6部分：阻湿态微生物穿透试验方法	ISO	ISO 22610：2018 病人、医护人员和器械用手术单、手术衣和洁净服 阻湿态微生物穿透试验方法
YY/T 0506.7 病人、医护人员和器械用手术单、手术衣和洁净服 第7部分：洁净度 - 微生物试验方法	ISO	ISO 11737-1 医疗器械的灭菌 微生物学方法 第1部分：产品上微生物总数的测定
YY/T 0506.2—2016 病人、医护人员和器械用手术单、手术衣和洁净服 第2部分：性能要求和试验方法	欧盟	EN 13795：2011 病人、医护人员和器械用手术单、手术衣和洁净服 制衣厂、处理厂和产品的通用要求、试验方法、性能要求和性能水平
YY/T 1425—2016 防护服材料抗注射针穿刺性能标准试验方法	美国	ASTM F1342/F1342M—2005（2013）防护服材料的抗穿刺性的标准测试方法
—	美国	ASTM F2878—2019 防护服材料耐皮下注射针头刺破性试验方法
YY/T 0699—2008 液态化学品防护装备 防护服材料抗加压液体穿透性能测试方法	ISO	ISO 13994：2005 液态化学品防护装备 防护服材料抗加压液体穿透性能测试方法
	美国	ASTM F1194—2018 防护服所用材料化学渗透测试结果记录的标准指南
	ISO	ISO 6530 防护服 对液态化学制品的防护材料抗液体渗透性的试验方法
	美国	ASTM F739—2012 连续接触条件下液体和气体通过防护服材料渗透的标准试验方法
	美国	ASTM F1383—2012 间歇接触条件下通过防护服材料渗透液体和气体的标准测试方法

中国标准		对应美国及其他国外标准
YY/T 1497—2016 医用防护口罩材料病毒过滤效率评价方法 Phi-X174 噬菌体试验方法	美国	ASTM F1671/F1671M—2013 使用 Phi-X174 噬菌体渗透作为试验系统的血源性病原体对防护服装使用的抗渗透材料用试验方法
GB/T 20654—2006 防护服装 机械性能 材料抗刺穿及动态撕裂性的试验方法（采 ISO）	ISO	ISO 13995：2000 防护服装 机械性能 材料抗刺穿及动态撕裂性的试验方法
YY 0469—2011 医用外科口罩 附录 B	美国	ASTM F2101—2019 用金黄色葡萄球菌生物气溶胶评定医用面罩材料细菌过滤效率的试验方法
YY 0691—2008 传染性病原体防护装备 医用面罩抗合成血穿透性试验方法（固定体积、水平喷射）	ISO	ISO 22609:2004 传染性病原体防护装备 医用面罩抗合成血穿透性试验方法（固定体积、水平喷射）
	美国	ASTM F1862/F1862M-17 医用面罩抗合成血标准测试方法（已知速率下的固定体积水平喷射法）
—	美国	ASTM F1001—2012（R2017）评估防护服材料的化学品选择的标准指南
—	美国	ASTM F2053—2000（R2017）防护服材料的气载粒子渗透试验结果的文献记录的标准指南
—	美国	ASTM F2299/F2299M—2003（2017）通过采用胶乳球体的微粒测定医用面罩用材料耐渗透性初始效率的试验方法

第六章　中国与澳大利亚相关标准比对分析

第一节　口罩

专家组收集、汇总并比对了中国与澳大利亚口罩标准共 7 项，其中：中国标准 5 项、澳大利亚标准 2 项。具体比对分析情况如下。

一、医用口罩

我国医用口罩按照使用场景不同，分别执行《医用外科口罩》（YY 0469—2011）和《一次性使用医用口罩》（YY/T 0969—2013），澳大利亚医用口罩标准执行《一次性使用医用面罩》（AS 4381：2015）。主要针对过滤效率、压力差、抗合成血、阻燃性能和微生物指标 / 生物学评价等关键技术指标进行了比对分析，详见表 6-1-1 ~ 表 6-1-5。

二、防护口罩

我国针对防护口罩制定了《医用防护口罩技术要求》（GB 19083—2010）、《呼吸防护　自吸过滤式防颗粒物呼吸器》（GB 2626—2019）和《日常防护型口罩技术规范》（GB/T 32610—2016）；澳大利亚防护口罩执行标准为《呼吸防护设备》（AS/NZS 1716：2012）。主要针对过滤性能指标、呼吸阻力指标、泄漏率指标等关键技术指标进行了比对分析，详见表 6-1-6 ~ 表 6-1-8。

表 6-1-1　医用口罩中澳标准比对——过滤效率

国家	标准号	过滤效率		
中国	YY 0469—2011	细菌和非油性颗粒物	颗粒过滤效率≥30%（30 L/min），细菌过滤效率≥95%（28.3 L/min）	
	YY/T 0969—2013		细菌过滤效率≥95%（28.3 L/min）	
澳大利亚	AS 4381：2015	细菌过滤效率	Level 1 ≥95%　Level 2 ≥98%　Level 3 ≥98%	

表 6-1-2　医用口罩中澳标准比对——压力差

国家	标准号	压力差（8L/min）		
中国	YY 0469—2011	≤49Pa		
	YY/T 0969—2013	≤49Pa		
澳大利亚	AS 4381：2015	Level 1 <4mm H_2O/cm^2（约 39.2Pa）	Level 2 <5mm H_2O/cm^2（约 49 Pa）	Level 3 <5mm H_2O/cm^2（约 49 Pa）

表 6-1-3　医用口罩中澳标准比对——抗合成血

国家	标准号	抗合成血
中国	YY 0469—2011	2ml 合成血液 16kPa 下不穿透
	YY/T 0969—2013	—
澳大利亚	AS 4381：2015	Level 180mmHg（10.7kPa）；Level 2 120mmHg（16kPa）；Level 3 160mmHg（21.3kPa）

表 6-1-4　医用口罩中澳标准比对——阻燃性能

国家	标准号	阻燃性能
中国	YY 0469—2011	离开火焰后燃烧不大于 5s
	YY/T 0969—2013	非手术用，无要求
澳大利亚	AS 4381：2015	—

表 6-1-5　医用口罩中澳标准比对——微生物指标／生物学评价

国家	标准号	微生物	细胞毒性	皮肤刺激性	迟发型超敏反应
中国	YY 0469—2011	细菌菌落 ≤100CFU/g；大肠菌群、绿脓杆菌、金黄色葡萄球菌、溶血性链球菌和真菌不得检出	有	有	有
	YY/T 0969—2013	细菌菌落 ≤100CFU/g；大肠菌群、绿脓杆菌、金黄色葡萄球菌、溶血性链球菌和真菌不得检出	有	有	有
澳大利亚	AS 4381：2015	—	—	—	—

表 6-1-6 防护口罩中澳标准比对——过滤性能

国家	标准号		过滤效率			测试流量	加载与否
中国	GB 19083—2010	非油性颗粒物	1级 ≥95%	2级 ≥99%	3级 ≥99.97%	85 L/min	否
中国	GB 2626—2019	KN 非油性颗粒物	KN90 ≥90%	KN95 ≥95%	KN100 ≥99.97%	85 L/min	是
中国	GB 2626—2019	KP 油性颗粒物	KP90 ≥90%	KP95 ≥95%	KP100 ≥99.97%	85 L/min	是
中国	GB/T 32610—2016	油性和非油性颗粒物	Ⅲ级： 盐性≥90%； 油性≥80%	Ⅱ级： 盐性≥95%； 油性≥95%	Ⅰ级： 盐性≥99%； 油性≥99%	85 L/min	是
澳大利亚	AS/NZS 1716: 2012	油性和非油性颗粒物	P1 ≥80%	P2 ≥94%	P3 ≥99.95%	95 L/min	否

表 6-1-7 防护口罩中澳标准比对——呼吸阻力

国家	标准号	吸气阻力	呼气阻力
中国	GB 19083—2010	吸气阻力≤343.2Pa（85L/min）	—
中国	GB 2626—2019	随弃式面罩（无呼气阀），85L/min KN90/KP90 ≤170Pa KN95/KP95 ≤210Pa KN100/KP100 ≤250Pa 随弃式面罩（有呼气阀），85L/min KN90/KP90 ≤210Pa KN95/KP95 ≤250Pa KN100/KP100 ≤300Pa 可更换半面罩和全面罩，85L/min KN90/KP90 ≤250Pa KN95/KP95 ≤300Pa KN100/KP100 ≤350Pa	随弃式面罩（无呼气阀），85L/min KN90/KP90 ≤170Pa KN95/KP95 ≤210Pa KN100/KP100 ≤250Pa 随弃式面罩（有呼气阀），85L/min ≤150Pa 可更换半面罩和全面罩，85L/min ≤150Pa
中国	GB/T 32610—2016	吸气≤175Pa，85L/min；	呼气≤145Pa，85L/min

续表

国家	标准号	吸气阻力			呼气阻力
澳大利亚	AS/NZS 1716: 2012	30L/min			85L/min
		P1 ≤60Pa	P2 ≤70Pa	P3 ≤120Pa	半面罩: ≤120Pa; 全面罩: ≤200Pa
		95 L/min			85L/min
		P1 ≤210Pa	P2 ≤240Pa	P3 ≤420Pa	半面罩: ≤120Pa; 全面罩: ≤200Pa

表6-1-8 防护口罩中澳标准比对——泄漏率/防护效果

国家	标准号	泄漏率	50个动作至少有46个动作的泄漏率			10个受试者中至少有8个人的泄漏率	
			随弃式	可更换式半面罩	全面罩（每个动作）	随弃式	可更换式半面罩
中国	GB 19083—2010	用总适合因数进行评价。选10名受试者,作6个规定动作,应至少有8名受试者总适合因数≥100					
	GB 2626—2019	KN90/KP90	<13%	<5%	<0.05%	<10%	<2%
		KN95/KP95	<11%	<5%	<0.05%	<8%	<2%
		KN100/KP100	<5%	<5%	<0.05%	<2%	<2%
	GB/T 32610—2016	头模测试防护效果:A级:≥90%;B级:≥85%;C级:≥75%;D级:≥65%					
澳大利亚	AS/NZS 1716: 2012	总泄漏率	50个动作平均值			任何一个受试者	
		P1（半面罩）	≤22%			≤22%	
		P2（半面罩）	≤8%			≤8%	
		P3（全面罩）	≤0.05%			≤0.05%	

第二节 医用手套

专家组收集、汇总并比对了中国与澳大利亚医用手套标准共6项，其中：中国标准3项，澳大利亚标准3项。具体比对分析情况如下。

一、一次性使用医用橡胶检查手套

中国执行《一次性使用医用橡胶检查手套》（GB 10213—2006），澳大利亚执行《胶乳或橡胶溶液制手套规范》（AS/NZS 4011.1：2014）。除手套分类、物理性能、尺寸与公差三项技术指标要求外，应用场合、材料、灭菌、不透水性、检查水平和接收质量限（AQL）要求均一致。相关技术指标要求比对情况详见表6-2-1~表6-2-3。

二、一次性使用灭菌橡胶外科手套

中国执行《一次性使用灭菌橡胶外科手套》（GB 7543—2006），澳大利亚执行《一次性使用外科手术用橡胶手套》（AS/NZS 4179：2014），除手套材料、手套分类、检查水平和接收质量限（AQL）和物理性能、灭菌和不透水性四项技术指标要求外，尺寸与公差的要求一致。相关技术指标要求比对情况详见表6-2-4~表6-2-7。

三、一次性使用聚氯乙烯医用检查手套

中国执行《一次性使用聚氯乙烯医用检查手套》（GB 24786—2009），澳大利亚执行《一次性使用医疗检查手套 第2部分：聚氯乙烯手套规范》（AS/NZS 4011.2：2014）。除物理性能、检查水平和接收质量限（AQL）、尺寸与公差三项技术指标要求外，手套分类、应用场合、材料、灭菌、不透水性要求均一致。相关技术指标要求比对情况详见表6-2-8~表6-2-10。

表6-2-1 一次性使用医用橡胶检查手套中澳标准比对——手套分类

国家	标准号	手套分类
中国	GB 10213—2006 （等同采用 ISO 11193.1：2002）	类别1：主要以天然橡胶胶乳制造的手套。 类别2：主要由丁腈胶乳、氯丁橡胶胶乳，丁苯橡胶溶液，丁苯橡胶乳液或热塑性弹性体溶液制成的手套
澳大利亚	AS/NZS 4011.1：2014 （修改采用 ISO 11193.1：2008/ AMD.1：2012）	类别1：主要以天然橡胶胶乳制造的手套。 类别1a：合成聚异戊二烯（合成橡胶胶乳）。 类别2：主要由丁腈胶乳、氯丁橡胶胶乳，丁苯橡胶溶液，丁苯橡胶乳液或热塑性弹性体溶液制成的手套

表6-2-2 一次性使用医用橡胶检查手套中澳标准比对——物理性能

国家	标准号	物理性能要求
中国	GB 10213—2006 （等同采用 ISO 11193.1：2002）	老化前扯断力：≥7.0N； 老化前拉断伸长率：1类≥650%；2类≥500%； 老化后扯断力：1类≥6.0N；2类≥7.0N； 老化后拉断伸长率：1类≥500%；2类≥400%； 老化条件：70℃±2℃，168h±2h
澳大利亚	AS/NZS 4011.1：2014 （修改采用 ISO 11193.1：2008/ AMD.1：2012）	老化前扯断力：≥7.0N； 老化前拉断伸长率：1类≥650%；2类≥500%； 老化后扯断力：≥6.0N； 老化后拉断伸长率：1类≥500%；2类≥400%； 老化条件：70℃±2℃，168h±2h

表6-2-3 一次性使用医用橡胶检查手套中澳标准比对——尺寸与公差

国家	标准号	尺寸代码	标称尺寸	标称宽度（尺寸 w）/mm	宽度（尺寸 w）/mm	最小长度（尺寸 l）/mm	最小厚度（手指位置测量）/mm	最大厚度（大约在手掌的中心）/mm
中国	GB 10213—2006	6及以下	特小（XS）	—	≤80	220	对所有尺寸： 光面：0.08； 麻面：0.11	对所有尺寸： 光面：2.00； 麻面：2.03
		6.5	小（S）	—	80±5	220		
		7	中（M）	—	85±5	230		
		7.5	中（M）	—	95±5	230		
		8	大（L）	—	100±5	230		
		8.5	大（L）	—	110±5	230		
		9及以上	特大（XL）	—	≥110	230		
澳大利亚	AS/NZS 4011.1: 2014	6及以下	特小（XS）	≤82	≤80	240	对所有尺寸： 光面：0.08； 麻面：0.11	对所有尺寸： 光面：2.00； 麻面：2.03
		6.5	小（S）	83±5	80±5			
		7	中（M）	89±5	95±5			
		7.5	中（M）	95±5				
		8	大（L）	102±6	110±5			
		8.5	大（L）	109±6				
		9及以上	特大（XL）	≥110	≥110			

表6-2-4　一次性使用灭菌橡胶外科手套中澳标准比对——材料

国家	标准号	材料
中国	GB 7543—2006（等同采用 ISO 10282：2002）	a）配合天然橡胶胶乳、配合丁腈橡胶胶乳、配合氯丁橡胶胶乳、配合丁苯橡胶或塑性弹性体溶液，或配合丁苯橡胶乳液。 为便于穿戴，可使用符合 ISO 10993 要求的润滑剂、粉末或聚合物涂覆物进行表面处理。 b）使用的任何颜料应为无毒。用于表面处理的可迁移物质应是可生物吸收的。 c）提供给用户的手套应符合 ISO 10993 相关部分的要求。必要时制造商应使购买者易于获得符合这些要求的资料
澳大利亚	AS/NZS 4179：2014（修改采用 ISO 10282：2014）	配合天然橡胶胶乳、配合丁腈橡胶胶乳、配合异戊二烯橡胶胶乳、配合氯丁橡胶胶乳、配合丁苯橡胶或合成聚异戊二烯或塑性弹性体溶液，或配合丁苯橡胶乳液。 为便于穿戴，可使用符合 ISO 10993 要求的润滑剂、粉末或聚合物涂覆物进行表面处理。 注：天然橡胶胶乳手套中的可抽提蛋白质测定方法应参照 ISO 12243《天然胶乳医用手套水抽提蛋白质的测定 改进 Lowry 法》，测定结果最大推荐值为无粉手套：50μg/dm^3，有粉手套：200μg/dm^3

表6-2-5　一次性使用灭菌橡胶外科手套中澳标准比对——手套分类

国家	标准号	手套分类
中国	GB 7543—2006（等同采用 ISO 10282：2002）	类别 1：主要以天然橡胶胶乳制造的手套。 类别 2：主要由丁腈胶乳、氯丁橡胶胶乳，丁苯橡胶溶液，丁苯橡胶乳液或热塑性弹性体溶液制成的手套
澳大利亚	AS/NZS 4179：2014（修改采用 ISO 10282：2014）	类别 1：主要以天然橡胶胶乳制造的手套。 类别 1a：合成聚异戊二烯（合成橡胶胶乳）。 类别 2：主要由丁腈胶乳、氯丁橡胶胶乳，丁苯橡胶溶液，丁苯橡胶乳液或热塑性弹性体溶液制成的手套

表6-2-6　一次性使用灭菌橡胶外科手套中澳标准比对——检查水平和接收质量限（AQL）

国家	标准号	物理尺寸	不透水性	扯断力和拉断伸长率
中国	GB 7543—2006（等同采用 ISO 10282：2002）	检查水平：S-2 AQL：4.0	检查水平：I AQL：1.5	检查水平：S-2 AQL：4.0
澳大利亚	AS/NZS 4179：2014（修改采用 ISO 10282：2014）	检查水平：S-2 AQL：4.0	检查水平：G-I AQL：1.0	检查水平：S-2 AQL：4.0

表 6-2-7 一次性使用灭菌橡胶外科手套中澳标准比对——物理性能、灭菌和不透水性要求

国家	标准号	物理性能要求	灭菌	不透水性
中国	GB 7543—2006 （等同采用 ISO 10282：2002）	老化前扯断力：1 类≥12.5N；2 类≥9N； 老化前拉断伸长率：1 类≥700%；2 类≥600%； 老化前 300% 定伸负荷：1 类≤2.0N；1 类≤3.0N； 老化后扯断力：1 类≥9.5N；2 类≥9.0N； 老化后拉断伸长率：1 类≥550%；2 类≥500%； 老化条件：70℃±2℃，168h±2h	手套应灭菌，并按要求标识手套灭菌处理的类型	不透水
澳大利亚	AS/NZS 4179：2014 （修改采用 ISO 10282：2014）	老化前扯断力：1 类≥12.5N；2 类≥9N； 老化前拉断伸长率：1 类≥700%；2 类≥600%； 老化前 300% 定伸负荷：1 类≤2.0N；1 类≤3.0N； 老化后扯断力：1 类≥9.5N；2 类≥9.0N； 老化后拉断伸长率：1 类≥550%；2 类≥500%； 老化条件：70℃±2℃，168h±2h； 测试用拉力机应符合 ISO 5893 中级别一或以上的要求，拉伸速率为 500mm/min±10mm/min	手套应灭菌，灭菌试验应按 ISO 11135 或 11737 规定的灭菌方法进行，并按照当地规定要求进行灭菌处理标识	不透水

表 6-2-8　一次性使用聚氯乙烯医用检查手套中澳标准比对——物理性能

国家	标准号	物理性能
中国	GB 24786—2009（修改采用 ISO 11193-2：2006）	老化前扯断力：≥4.8N； 老化前拉断伸长率：≥350%； 老化条件：70℃±2℃，168h±2h； 老化前后性能不变
澳大利亚	AS/NZS 4011.2：2014（修改采用 ISO 11193-2：2006）	老化前扯断力：≥7.0N； 老化前拉断伸长率：≥350%； 老化条件：70℃±2℃，168h±2h； 老化前后性能不变

表 6-2-9　一次性使用聚氯乙烯医用检查手套中澳标准比对——检查水平和接收质量限（AQL）

国家	标准号	物理尺寸	不透水性	扯断力和拉断伸长率（老化前，老化后）
中国	GB 24786—2009（修改采用 ISO 11193-2：2006）	检查水平：S-2； AQL：4.0	检查水平：I； AQL：2.5	检查水平：S-2； AQL：4.0
澳大利亚	AS/NZS 4011.2：2014（修改采用 ISO 11193-2：2006）	检查水平：S-2； AQL：4.0	检查水平：G-I； AQL：1.5	检查水平：S-2； AQL：4.0

表6-2-10 一次性使用聚氯乙烯医用检查手套中澳标准比对——尺寸与公差

国家	标准号	尺寸代码	标称尺寸	标称宽度（尺寸 w）/mm	宽度（尺寸 w）/mm	最小长度（尺寸 l）/mm	最小厚度（手指位置测量）/mm	最大厚度（大约在手掌的中心）/mm
中国	GB 24786—2009	6及以下	特小（X-S）	≤80	≤82	220	对所有尺寸：光面：0.08；麻面：0.11	对所有尺寸：光面：0.22；麻面：0.23
		6¹/₂	小（S）	80±10	83±5	220		
		7	中（M）	95±10	89±5	230		
		7¹/₂			95±5	230		
		8	大（L）	110±5	102±6	230		
		8¹/₂			109±6	230		
		9及以上	特大（X-L）	≥110	≥110	230		
澳大利亚	AS/NZS 4011.2：2014	6及以下	特小（X-S）	≤80	≤82	240	对所有尺寸：光面：0.08；麻面：0.11	对所有尺寸：光面：0.22；麻面：0.23
		6¹/₂	小（S）	80±10	83±5			
		7	中（M）	95±10	89±5			
		7¹/₂			95±5			
		8	大（L）	110±5	102±6			
		8¹/₂			109±6			
		9及以上	特大（X-L）	≥110	≥110			

第三节 职业用眼面防护具

专家组收集、汇总并比对了中国与澳大利亚职业用眼面防护具标准共 2 项，其中：中国标准 1 项，澳大利亚标准 1 项。具体比对分析情况如下。

中国标准《个人用眼护具技术要求》（GB 14866—2006），适用于除核辐射、X 光、激光、紫外线、红外线及其他辐射以外的各类个人眼护具。澳大利亚标准《个人眼面防护 第 1 部分：职业用眼面防护具》（AS/NZS 1337.1：2010），适用于防护各类颗粒物及碎片、灰尘、飞溅物体和熔融金属、有害气体、蒸汽和气溶胶等的个人用眼护具，也包括在自然环境中抵抗太阳光和光辐射的眼护具。该两项标准规定的主要技术指标设置基本一致，但澳大利亚标准涵盖的眼护具产品种类更多，相关技术指标要求比对情况详见表 6-3-1～表 6-3-5。

表 6-3-1　职业用眼面防护具中澳标准比对——镜片规格、镜片外观质量、屈光度、棱镜度

国家	标准号	镜片规格	镜片外观质量	屈光度	棱镜度
中国	GB 14866—2006	a) 单镜片: 长×宽尺寸不小于:105mm×50mm; b) 双镜片: 圆镜片的直径不小于40mm; 成形镜片的水平基准长度×垂直高度尺寸不小于:30mm×25mm	镜片表面应光滑、无划痕、波纹、气泡、杂质或其他有损视力的明显缺陷	镜片屈光度互差为 $^{+0.05}_{-0.07}D$	a) 平面型镜片棱镜度互差不得超过0.125 △; b) 曲面型镜片的镜片中心与其他各点之间垂直和水平棱镜度互差均不得超过0.125 △; c) 左右眼镜片的棱镜度互差不得超过0.18 △
澳大利亚	AS/NZS 1337.1: 2010	a) 杯型护目镜的镜框尺寸不小于 50 mm×40 mm; 滤镜以外的玻璃镜片或面屏的厚度不小于 3 mm; b) 透明眼罩在垂直中心线对称位置不小于 120 mm×70 mm; c) 透明面罩在垂直中心线对称位置不小于 120 mm×150 mm; d) 夹片镜片不小于 42 mm×32 mm; e) 护目镜的镜框尺寸不小于 42 mm×32 mm。钢化玻璃镜片的厚度不小于 3 mm; f) 宽视野护目镜在垂直中心线对称位置不小于 120 mm×50 mm 的矩形; g) 宽视野眼镜镜片的镜框不小于 42 mm×35 mm; h) 金属丝网筛护目镜在镜片垂直中心线对称位置不小于 120 mm×100 mm	镜片应无凹坑、划痕、灰色、水印、气泡、条纹、局部像差、可能损害视力或致妨碍预期使用的内含物	球镜度 / $\mathrm{m^{-1}}$: $(F_1+F_2)/2$ ±0.09 柱镜度 / $\mathrm{m^{-1}}$: $\lvert F_1-F_2\rvert$ ±0.09	镜片 / (cm/m): 0.25 水平方向 / (cm/m) 基底朝外: 1.00 水平方向 / (cm/m) 基底朝内: 0.25 垂直方向 / (cm/m): 0.25

表6-3-2 职业用眼面防护具中澳标准比对——可见光透射比、抗冲击性能、耐热性能

国家	标准号	可见光透射比	抗冲击性能	耐热性能
中国	GB 14866—2006	a）在镜片中心范围内，滤光镜可见光透射比的相对误差应符合表6-3-3中规定的范围；b）无色透明镜片：可见光透射比应大于0.89	用于抗冲击的眼护具，镜片和眼护具应能经受直径22mm，重约45g钢球从1.3m下落的冲击	经67℃±2℃高温处理后，应无异常现象，可见光透射比、屈光度、棱镜度满足标准要求
澳大利亚	AS/NZS 1337.1: 2010	a）如果供应商标称透光率值，对于0至3类，测量值应在±3%范围内；b）所有滤光镜应符合表6-3-4中规定的范围	镜片和眼护具应能经受直径22mm，重42g±0.5g钢球从1.800m下落的冲击；还可以用直径6.00mm的钢球以13m/s±0.6m/s或6.35mm的钢球以12m/s±0.6m/s冲击	经120℃±3℃高温处理4h后：a）其光学性能不低于标准中屈光度要求；b）强度和穿透性不能低于标准要求

表6-3-3 GB 14866—2006 可见光透射比相对误差

透射比	相对误差/%
0.179~0.085	±10
0.085~0.0044	±10
0.0044~0.00023	±15
0.00023~0.000012	±20
0.000012~0.00000023	±30

表6-3-4 AS/NZS 1337.1: 2010 透射比

镜片类别	透射比范围 τ_v/% 从/%	到/%	最小光谱透射比 470nm~650nm
0	80.0	100	
1	43.0	80.0	
2	18.0	43.0	$0.2\tau_v$
3	8.0	18.0	
户外其他	80.0	100	

表6-3-5 职业用眼面防护具中澳标准比对——耐腐蚀性能、有机镜片表面耐磨性、防高速粒子冲击性能、化学雾滴防护性能、粉尘防护性能、刺激性气体防护性能

国家	标准号	耐腐蚀性能	有机镜片表面耐磨性	眼护具类型/防护项目	防高速粒子冲击性能 直径6mm, 质量约0.86g 钢球冲击速度 45m/s~46.5m/s	120m/s~123m/s	190m/s~195m/s	化学雾滴防护性能	粉尘防护性能	刺激性气体防护性能
中国	GB 14866—2006	眼护具的所有金属部件表面应光滑,无可见的腐蚀现象	镜片表面磨损率H应低于8%	眼护具类型	直径6mm钢球45m/s~60m/s 或 直径6.35mm钢球40m/s~55m/s	直径6mm钢球120m/s~123m/s 或 直径6.35mm钢球110m/s~113m/s	直径6mm钢球190m/s~195m/s 或 直径6.35mm钢球175m/s~179m/s	经显色喷雾测试,若镜片中心范围内试纸无色斑出现,则认为合格	若测试后与测试前的反射率比大于80%,为合格	若镜片中心范围内试纸无色斑出现,则合格
				眼镜	允许	不允许	不允许			
				眼罩	允许	允许	不允许			
				面罩	允许	允许	允许			
澳大利亚	AS/NZS 1337.1: 2010	眼护具的所有金属部件表面应光滑,无可见的腐蚀现象	—	眼护具类型	直径6mm钢球45m/s~60m/s 或 直径6.35mm钢球40m/s~55m/s	直径6mm钢球120m/s~123m/s 或 直径6.35mm钢球110m/s~113m/s	直径6mm钢球190m/s~195m/s 或 直径6.35mm钢球175m/s~179m/s	测试方法同我国标准。护目镜封闭区域不得出现任何染色,对于面罩,在眼睛25mm范围内不得出现任何染色	若测试后与测试前的反射率比大于80%,则为合格	若镜片中心范围内试纸无色斑出现,则为合格
				眼镜	不允许	不允许	允许			
				眼罩	不允许	允许	允许			
				面罩	允许	允许	允许			

第四节　呼吸机

专家组收集、汇总并比对了中国与澳大利亚呼吸机相关标准共 5 项，其中：中国标准 3 项，澳大利亚标准 2 项。具体情况如下。

一、通用安全标准比对

我国标准《医用电气设备　第 1 部分：安全通用要求》（GB 9706.1—2007）和澳大利亚标准《医用电气设备　第 1 部分：基本安全和基本性能的通用标准》（AS/NZS IEC 60601.1：2015）均采用了国际标准 IEC 60601-1，但两个国家采用的国际标准版本不一致，中国等同采用 IEC 60601-1：1995，澳大利亚则等同采用了 IEC 60601-1：2012。中国已于 2020 年 4 月 9 日发布了新版标准 GB 9706.1—2020，新标准修改采用 IEC 60601-1：2012。关键性技术指标比对详见表 6-4-1。

二、专用标准比对

针对用于 ICU 重症监护室的重症护理呼吸机，我国标准为《医用电气设备　第 2 部分：呼吸机安全专用要求　治疗呼吸机》（GB 9706.28—2006），该标准修改采用了国际标准 IEC 60601-2-12：2001。我国于 2020 年 4 月 9 日发布了新版安全专用标准《医用电器设备　第 2-12 部分：重症护理呼吸机的基本安全和基本性能专用要求》（GB 9706.212—2020），该标准修改采用国际标准 ISO 80601-2-12：2011，无关键性技术指标差异。而澳大利亚并未针对用于 ICU 重症监护室的呼吸机制定专用标准，而是直接采用国际标准 ISO 80601-2-12：2011。我国标准 GB 9706.28—2006 和国际标准 ISO 80601-2-12：2011 之间的比对分析详见表 6-4-2。

针对急救和转运用呼吸机，我国标准为《医用呼吸机　基本安全和主要性能专用要求　第 3 部分：急救和转运用呼吸机》（YY 0600.3—2007），该标准修改采用国际标准 ISO 10651-3：1997。澳大利亚相关标准为《医用呼吸机　急救和转运用呼吸机专用要求》（AS ISO 10651.3—2004），该标准等同采用国际标准 ISO 10651-3：1997。我国标准 YY 0600.3—2007 和澳大利亚标准 AS ISO 10651.3：2004 之间无关键性技术指标的差异，两者的比对分析详见表 6-4-3。

表 6-4-1　用于 ICU 重症监护室的呼吸机中澳安全通用标准比对

国家	标准号	标准名称	与国际标准的对应关系
中国	GB 9706.1—2007	医用电气设备　第 1 部分：安全通用标准	IEC 60601-1：1995，IDT
澳大利亚	AS/NZS IEC 60601.1：2015	医用电气设备　第 1 部分：基本安全和基本性能的通用标准	IEC 60601-1：2012，IDT
差异分析	1. 中澳标准与国际标准对应关系： ——中国标准 GB 9706.1—2007 等同采用国际标准 IEC 60601-1：1995。 注：2020 年 4 月 9 日，中国发布新版呼吸机安全通用标准 GB 9706.1—2020，新标准修改采用国际标准 IEC 60601-1：2012，与国际标准相比较，没有关键性技术指标的修改。 ——澳大利亚国家标准 AS/NZS IEC 60601.1：2015 等同采用国际标准 IEC 60601-1：2012。 2. 国际标准各版本间比较： ——IEC 60601-1：2012 取消并代替了 IEC 60601-1：2005，而 IEC 60601-1：2005 取消并代替 IEC 60601-1：1995。 ——相对于 IEC 60601-1：1995，IEC 60601-1：2005 主要作了如下技术内容的修改： 　增加了对基本性能识别的要求； 　增加了机械安全的相关要求； 　区分了对操作者的防护和患者防护不同的要求； 　增加了防火的要求。 ——IEC 60601-1：2012 与 IEC 60601-1：2005 之间无关键性技术指标的变化		

表 6-4-2　用于 ICU 重症监护室的呼吸机中澳专用标准比对

国家	标准号	标准名称	与国际标准的对应关系
中国	GB 9706.28—2006	医用电气设备　第 2 部分：呼吸机安全专用要求　治疗呼吸机	IEC 60601-2-12：2001，MOD
澳大利亚	—	—	—
差异分析	1. 中国标准修改采用国际标准 IEC 60601-2-12：2001，与国际标准相比较，没有关键性技术指标的修改。 注：2020 年 4 月 9 日，中国发布新版呼吸机专用标准 GB 9706.212—2020，新标准修改采用国际标准 ISO 80601-2-12：2011，与国际标准相比较，没有关键性技术指标的修改。 2. 澳大利亚并未针对用于 ICU 重症监护室的呼吸机制定专用标准，而是直接采用国际标准 ISO 80601-2-12：2011。 3. ISO 80601-2-12：2011 取消并代替了 IEC 60601-2-12：2001，两者之间无关键性技术指标的变化，相对于 IEC 60601-2-12：2001，ISO 80601-2-12：2011 主要作了如下技术内容的修改： ——修改了适用范围，涵盖了可能影响呼吸机基本安全和基本性能的附件；修改了呼气支路阻塞（持续气道压力）报警状态的要求； ——进一步增加了通气性能测试要求；增加了机械强度（防冲击和振动）测试要求；增加了外壳防水要求		

表6-4-3　急救和转运呼吸机中澳专用标准比对

国家	标准号	标准名称	与国际标准的对应关系
中国	YY 0600.3—2007	医用呼吸机　基本安全和主要性能专用要求　第3部分：急救和转运用呼吸机	ISO 10651-3：1997，MOD
澳大利亚	AS ISO 10651.3：2004	医用呼吸机　急救和转运用呼吸机专用要求	ISO 10651-3：1997，IDT
差异分析	中国标准修改采用国际标准 ISO 10651-3：1997，与国际标准相比较，没有关键性技术指标的修改，但对于运行环境温度和抗扰度试验电平，增加了制造商另行规定的权利。 澳大利亚国家标准 AS ISO 10651.3：2004 等同采用国际标准 ISO 10651-3：1997。 因此，中国标准和澳大利亚标准之间无关键性技术指标的差异		

第五节　隔离衣、手术衣

专家组收集、汇总并比对了中国与澳大利亚隔离衣、手术衣标准共8项，其中：中国标准7项，澳大利亚标准1项。具体比对分析情况如下。

我国隔离衣、手术衣执行《病人、医护人员和器械用手术单、手术衣和洁净服》（YY/T 0506）系列标准，YY/T 0506 系列标准主要参考欧盟标准 EN 13795：2011。澳大利亚隔离衣、手术衣执行英国采用欧盟的标准《病人、医护人员和器械用手术单、手术衣和洁净服　制衣厂、处理厂和产品的通用要求、试验方法、性能要求和性能水平》（BS EN 13795：2011+A1：2013）。澳大利亚隔离衣、手术衣类标准体系与我国一致，均采用欧盟标准体系，标准中阻隔性能（阻微生物穿透、抗渗水性）、物理性能（断裂强力、胀破强力）和微生物传递性能（落絮、洁净度）等关键性技术指标，要求上基本一致，具体比对分析情况见表6-5-1。

表6-5-1　隔离衣、手术衣中澳标准比对

国家/地区	标准号	区域	抗渗 水性/cmH₂O	阻微生物穿透 干态/CFU	阻微生物穿透 湿态/IB	断裂强力 干态/N	断裂强力 湿态/N	胀破强度 干态/kPa	胀破强度 湿态/kPa	透气性	洁净度 落絮/log10(落絮计数)	洁净度 微粒物质/IPM	洁净度 微生物/(CFU/dm²)	无菌保证	环氧乙烷残留	生物学要求	关键区域划分	规格	折叠	系带连接牢固度
中国	YY/T 0506系列	标准性能—关键区域	≥20	不要求	≥2.8	≥20	≥20	≥40	≥40	若声称具有高透气性，非关键区域的透气性应≥150mm/s	≤4.0	≤3.5	≤300	以无菌提供的应符合YY/T 0615.1	采用EO灭菌的，EO残留量应≤5μg/g	应按GB/T 16886.1进行生物学评价	标准中有具体图示和尺寸要求	标准中有具体要求，并以附录给出的形式给出常见规格	有	有
		标准性能—非关键区域	≥10	≤300	不要求	≥20	不要求	≥40	不要求											
		高性能—关键区域	≥100	不要求	6.0	≥20	≥20	≥40	≥40											
		高性能—非关键区域	≥10	≤300	不要求	≥20	不要求	≥40	不要求											
澳大利亚	BS EN 13795: 2011+A1: 2013	标准性能—关键区域	≥20	不要求	≥2.8	≥20	≥20	≥40	≥40	作为可选试验给出了透气性的试验方法，但无要求	≤4.0	≤3.5	≤300	无	无	应按ISO 10993-1进行生物学评价	有涉及，但并未详细规定	有涉及，但并未细规定	无	无
		标准性能—非关键区域	≥10	≤300	不要求	≥20	不要求	≥40	不要求											
		高性能—关键区域	≥100	不要求	6.0	≥20	≥20	≥40	≥40											
		高性能—非关键区域	≥10	≤300	不要求	≥20	不要求	≥40	不要求											

第六节　基础纺织材料

　　针对医疗物资基础纺织材料，专家组收集、汇总并比对了中国与澳大利亚相关标准34项，其中：中国标准34项，澳大利亚无对应标准，具体情况如下。

　　在基础通用标准方面，我国制定了《纺织品　非织造布　术语》（GB/T 5709—1997）和《非织造布　疵点的描述　术语》（FZ/T 01153—2019）2项标准，未检索到澳大利亚基础通用术语标准。

　　在基础纺织材料产品标准方面，我国制定了《熔喷法非织造布》（FZ/T 64078—2019）、《纺粘、熔喷、纺粘（SMS）法非织造布》（FZ/T 64034—2014）、《纺粘热轧法非织造布》（FZ/T 64033—2014）和手术衣用机织物》（FZ/T 64054—2015）4项纺织行业标准，《纺织品　隔离衣用非织造布》（GB/T 38462—2020）和《纺织品　手术防护用非织造布》（GB/T 38014—2019）2项国家标准，澳大利亚无对应标准。

　　在试验方法标准方面，我国制定了26项标准，主要为通用的非织造布系列方法标准和细颗粒物过滤性能测试方法标准，澳大利亚直接采用欧盟的相关检测方法标准，没有单独制定试验方法标准。

第七章　中国与欧盟相关标准比对分析

第一节　口罩

专家组收集、汇总并比对了中国与欧盟标准共 7 项，其中：中国标准 5 项、欧盟标准 2 项。具体比对分析情况如下：

一、医用口罩

中国医用口罩按照使用场景不同分别执行《医用外科口罩》（YY 0469—2011）和《一次性使用医用口罩》（YY/T 0969—2013）；欧盟医用口罩标准执行《医用面罩要求与试验方法》（EN 14683：2019），主要针对过滤效率、压力差、抗合成血、阻燃性能和微生物指标 / 生物学评价等关键技术指标进行了比对分析，详见表 7-1-1 ~ 表 7-1-5。

二、防护口罩

中国针对防护口罩制定了《医用防护口罩技术要求》（GB 19083—2010）、《呼吸防护 自吸过滤式防颗粒物呼吸器》（GB 2626—2019）和《日常防护型口罩技术规范》（GB/T 32610—2016）。欧盟防护口罩标准为《呼吸防护设备　颗粒防护用过滤半面罩　要求、试验和标记》（EN 149：2001+A1：2009）。主要针对过滤性能指标、呼吸阻力指标、泄漏率指标进行了比对分析，详见表 7-1-6 ~ 表 7-1-8。

表 7-1-1　医用口罩中欧标准比对——过滤效率

国家 / 地区	标准号	过滤效率			
中国	YY 0469—2011	细菌和非油性颗粒物	颗粒过滤效率≥30%（30L/min），细菌过滤效率≥95%（28.3L/min）		
	YY/T 0969—2013		细菌过滤效率≥95%（28.3L/min）		
欧盟	EN 14683：2019	细菌	Type Ⅰ≥95%	Type Ⅱ≥98%	Type Ⅱ R≥98%

表 7-1-2 医用口罩中欧标准比对——压力差指标

国家 / 地区	标准号	压力差（8L/min）		
中国	YY 0469—2011	≤49Pa		
	YY/T 0969—2013	≤49Pa		
欧盟	EN 14683：2019	Type Ⅰ ＜40Pa	Type Ⅱ ＜40Pa	Type Ⅱ R ＜60Pa

表 7-1-3 医用口罩中欧标准比对——抗合成血

国家 / 地区	标准号	抗合成血
中国	YY 0469—2011	2ml 合成血液 16kPa 下不穿透
	YY/T 0969—2013	—
欧盟	EN 14683：2019	Type Ⅰ 和 Type Ⅱ 无要求；Type Ⅱ R：2mL 合成血液 16kPa 下不穿透

表 7-1-4 医用口罩中欧标准比对——阻燃性能指标

国家 / 地区	标准号	阻燃性能
中国	YY 0469—2011	离开火焰后燃烧不大于 5s
	YY/T 0969—2013	非手术用，无要求
欧盟	EN 14683：2019	—

表 7-1-5 医用口罩中欧标准比对——微生物指标、生物学评价

国家 / 地区	标准号	微生物	细胞毒性	皮肤刺激性	迟发型超敏反应
中国	YY 0469—2011 YY/T 0969—2013	细菌菌落 ≤100CFU/g；大肠菌群、绿脓杆菌、金黄色葡萄球菌、溶血性链球菌和真菌不得检出。	有	有	有
欧盟	EN 14683：2019	菌落总数 ≤30CFU/g	各指标无明确要求，标准指出要根据 ISO 10993-1：2009 完成基本评价，并在有需要时提供相应指标的测试结果		

表 7-1-6 防护口罩中欧标准比对过滤——性能指标

国家/地区	标准号	过滤效率			测试流量	加载与否
		1 级 ≥95%	2 级 ≥99%	3 级 ≥99.97%		
中国	GB 19083—2010	非油性颗粒物			85 L/min	否
	GB 2626—2019	KN 非油性颗粒物 KN90 ≥90%；KN95 ≥95%；KN100 ≥99.97%			85 L/min	是
		KP 油性颗粒物 KP90 ≥90%	KP95 ≥95%	KP100 ≥99.97%	85 L/min	是
	GB/T 32610—2016	油性和非油性颗粒物 III级：盐性 ≥90%；油性 ≥80%	II级：盐性 ≥95%；油性 ≥95%	I 级：盐性 ≥99%；油性 ≥99%	85 L/min	是
欧盟	EN 149: 2001+A1: 2009	油性和非油性颗粒物 FFP1 ≥80%	FFP2 ≥94%	FFP3 ≥99%	95 L/min	是

表 7-1-7 防护口罩中欧标准比对——呼吸阻力

国家/地区	标准号	吸气阻力	呼气阻力
中国	GB 19083—2010	≤343.2 Pa（85 L/min）	—
	GB 2626—2019	随弃式面罩（无呼气阀），85 L/min：KN90/KP90 ≤170Pa；KN95/KP95 ≤210Pa；KN100/KP100 ≤250Pa	随弃式面罩（无呼气阀），85L/min：KN90/KP90 ≤170Pa；KN95/KP95 ≤210Pa；KN100/KP100 ≤250Pa
		随弃式面罩（有呼气阀），85 L/min：KN90/KP90 ≤210Pa；KN95/KP95 ≤250Pa；KN100/KP100 ≤300Pa	随弃式面罩（有呼气阀），85 L/min：≤150Pa
		可更换半面罩和全面罩，85 L/min：KN90/KP90 ≤250Pa；KN95/KP95 ≤300Pa；KN100/KP100 ≤350Pa	可更换半面罩和全面罩，85 L/min：≤150Pa
	GB/T 32610—2016	≤175Pa，85 L/min	呼气 ≤145Pa，85 L/min
欧盟	EN149: 2001+A1: 2009	30L/min：FFP1 ≤60Pa；FFP2 ≤70Pa；FFP3 ≤100Pa	160L/min：≤300Pa
		95 L/min：FFP1 ≤210Pa；FFP2 ≤240Pa；FFP3 ≤300Pa	160L/min：≤300Pa

表 7-1-8　防护口罩中欧标准比对——泄漏率、防护效果

国家/地区	标准号	泄漏率/防护效果		50个动作至少有46个动作的泄漏率			10个受试者中至少有8个人的泄漏率	
				随弃式	可更换式半面罩	全面罩（每个动作）	随弃式	可更换式半面罩
中国	GB 19083—2010	用总适合因数进行评价。选10名受试者,作6个规定动作,应至少有8名受试者总适合因数≥100						
中国	GB 2626—2019	泄漏率	KN90/KP90	<13%	<5%	<0.05%	<10%	<2%
			KN95/KP95	<11%	<5%	<0.05%	<8%	<2%
			KN100/KP100	<5%	<5%	<0.05%	<2%	<2%
中国	GB/T 32610—2016	头模测试防护效果:A级:≥90%;B级:≥85%;C级:≥75%;D级:≥65%						
欧盟	EN 149:2001+A1:2009	总泄漏率		50个动作至少有46个动作的泄漏率			10个人至少有8个人的泄漏率均值	
			FFP1	≤25%			≤22%	
			FFP2	≤11%			≤8%	
			FFP3	≤5%			≤2%	

第二节　防护服

专家组收集、汇总并比对了防护服相关中国与欧盟标准共8项，其中：中国标准2项，欧盟标准6项。具体比对分析情况如下：

一、职业个人用化学品防护服

中国职业个人用化学品防护服执行《防护服装化学防护服通用技术要求》（GB 24539—2009）；欧盟标准有5项，分别为《防固态、液态和气态危险化学物质的防护服　包括液体和固体气溶胶　第1部分 Type 1（气密型）化学防护服的性能要求》（EN 943-1：2015+A1：2019）、《防固态、液态和气态危险化学物质的防护服　包括液体和固体气溶胶　第2部分 1-ET（气密型应急响应队用）化学防护服的技术要求》（EN 943-2：2019）、《液态化学物质防护服　喷射液密型（Type 3）和喷溅液密型（Type 4）服装的性能要求 包括仅用于部分身体防护（Type PB［3］）和（Type PB［4］）类型》（EN 14605：2005+A1：2009）、《固态颗粒物防护服　第1部分：全身防气溶胶颗粒用化学防护服的性能要求（Type 5）》（EN ISO 13982-1：2004＋A1：2010）、《液态化学物质防护服　对液态化学物质具有有限保护作用的化学防护服的性能要求（Type 6）》（EN 13034：2005+A1：2009）。化学品防护服产品共涉及6个类型，分别是：气密型、非气密型、喷射液密型、泼溅液密型，颗粒物防护服和有限泼溅防护服。其中中国标准中没有有限泼溅防护服，欧盟标准中没有非气密型防护服。各类化学品防护服指标比对情况详见表7-2-1～表7-2-18。

二、医用防护服

中国医用防护服执行《医用一次性防护服技术要求》（GB 19082—2009）。欧盟标准为《防护服　防传染性物质防护服的性能要求和测试方法》（EN 14126：2003），该欧盟标准针对的是限次使用或重复性使用的防护服。从机械性能、阻隔性能（包括液体阻隔性能和防传染性物质性能）、其他性能（包括舒适性、生物相容性、微生物指标、抗静电及静电衰减、阻燃和落絮）三个方面对中欧标准进行了比对，详见表7-2-19～表7-2-21。

表7-2-1　气密型防护服中欧标准比对——物理机械性能

国家/地区	标准号/产品类别	耐磨损性能	耐屈挠破坏性能	低温(-30℃)耐屈挠破坏性能(可选)	撕破强力	断裂强力	抗刺穿性能	接缝强力	耐低温耐高温性能	阻燃性能
中国	GB 24539—2009 气密型防护服 1-ET	≥3级 (>500圈)	有限次使用 ≥1级 (>1000次) / 重复使用 ≥4级 (>15000次)	—	≥3级 (>40N)	有限次使用 ≥3级 (>100N) / 重复使用 ≥4级 (>250N)	≥3级 (>50N)	≥5级 (>300N)	面料经70℃或-40℃预处理8h后,断裂强力下降≤30%	—
欧盟	EN 943-1: 2015+A1: 2019 1a(空气呼吸器内置) 1b(空气呼吸器外置) 1c(长管供气)	≥3级 (>100圈)	≥1级 (>500次)	≥2级 (>200次)	≥3级 (>40N)	一般耐用 ≥3级 (>100N)	≥2级 (>10N)	≥5级 (>300N)	—	经阻燃试验,不能持续燃烧超过5s,且能通过面料通过压力罐密封性测试
	EN 943-2: 2019 1a-ET (空气呼吸器内置)	≥4级 (>400圈)	≥1级 (>500次)	≥2级 (>200次)	≥3级 (>40N)	高耐用 ≥4级 (>250N)	≥2级 (>10N)	≥5级 (>300N)	—	≥1级(材料通过火焰,不停留)
	1b-ET (空气呼吸器外置)	≥6级 (>2000圈)	≥4级 (>8000次)	≥2级 (>200次)	≥3级 (>40N)	≥6级 (>1000N)	≥3级 (>50N)	≥5级 (>300N)	—	≥3级(材料通过停留5s),且能通过面料的压力罐密封性测试

表7-2-2 气密型防护服中欧标准比对——面料阻隔性能

国家/地区	标准号/产品类别	渗透性能	液体耐压穿透性能	接缝渗透性能	接缝液体耐压穿透性能	密封结构（如拉链）的渗透性能
中国	GB 24539—2009 1-ET（应急救援响应队用）	测试15种气态和液态化学品的渗透性能，每种化学品渗透性能≥3级（>60min）	从15种气态和液态化学品中至少选3种液态化学品进行测试，耐压穿透性能≥1级（>3.5kPa）	测试15种气态和液态化学品的渗透性能，每种化学品渗透性能≥3级（>60min）	从15种气态和液态化学品中至少选3种液态化学品进行测试，耐压穿透性能≥1级（>3.5kPa）	—
欧盟	EN 943-1: 2015+A1: 2019 1型（气密型）：1a（空气呼吸器内置）1b（空气呼吸器外置）1c（长管供气）	测试气体和液体化学品的渗透性能（根据服装可能暴露情况选择，ISO 6529），15种化学品中的1种化学品渗透性能≥3级（>60min）	—	测试气体和液体化学品的渗透性能（根据服装可能暴露情况选择，ISO 6529），15种化学品中的1种化学品渗透性能≥3级（>60min）	—	测试气体和液体化学品的渗透性能（根据服装可能暴露情况选择，ISO 6529），15种化学品中的1种化学品渗透性能≥5min
	EN 943-2: 2019 1-ET型（气密型应急响应队用）1a-ET（空气呼吸器内置）1b-ET（空气呼吸器外置）	测试14种气态和液态化学品的渗透性能，每种化学品渗透性能≥2级（>30min）剩下一种化学品渗透性能≥1级（>10min）	—	测试14种气态和液态化学品的渗透性能，每种化学品渗透性能≥2级（>30min）剩下一种化学品渗透性能≥1级（>10min）	—	测试15种气态和液态化学品的渗透性能，每种化学品的渗透性能≥5min

表 7-2-3　气密型防护服中欧标准比对——整体阻隔性能

国家/地区	标准号/产品类别	气密性	液体泄漏性能	总向内泄漏率	闪火测试
中国	GB 24539—2009 气密型防护服 1-ET	向衣服内通气至压力 1.29kPa，保持 1min，调节压力至 1.02kPa，保持 4min，压力下降不超过 20%。	喷淋测试，60min 无穿透	—	—
欧盟	EN 943-1: 2015+A1: 2019 1 型（气密型）: 1a（空气呼吸器内置） 1b（空气呼吸器外置） 1c（长管供气）	向衣服内通气至压力 1.750kPa，保持 10min，调节压力至 1.650kPa，保持 6min，压力下降不超过 300Pa	—	1a，1b（目镜与服装一体）无要求; 1b（全面罩与服装分体），向内泄漏率≤0.05%; 1c，总向内泄漏率≤0.05%	—
	EN 943-2: 2019 1-ET 型（气密型应急响应队用）: 1a-ET（空气呼吸器内置） 1b-ET（空气呼吸器外置）	向衣服内通气至压力 1.750kPa，保持 10min，调节压力至 1.650kPa，保持 6min，压力下降不超过 300Pa	—	—	参照 NFPA1991 2016 进行闪火测试，然后测试气密性: 向衣服内通气至压力 1.250kPa，保持 1min，调节压力至 1.000kPa，保持 4min，压力下降不超过 40%

常用医疗物资国内外标准比对分析

表 7-2-4 非气密型防护服中欧标准比对——物理机械性能

国家/地区	标准号/产品类别	耐磨损性能	耐屈挠破坏性能	撕破强力	断裂强力	抗刺穿性能	接缝强力	耐低温耐高温性能
中国	GB 24539—2009 非气密型防护服 2-ET	≥3级（>500圈）	有限次使用≥1级（>1000次）多次使用≥4级（>15000次）	≥3级（>40N）	有限次使用≥3级（>100N）多次使用≥4级（>250N）	≥2级（>10N）	≥5级（>300N）	面料经70℃或-40℃预处理8h后，断裂强力下降≤30%
欧盟	无	—	—	—	—	—	—	—

表 7-2-5 非气密型防护服中欧标准比对——面料阻隔性能

国家/地区	标准号/产品类别	渗透性能	液体耐压穿透性能	接缝、视窗、手套、防化靴渗透性能	接缝、手套、防化靴、液体耐压穿透性能
中国	GB 24539—2009 非气密型防护服 2-ET	测试12种液态化学品中，每种化学品渗透性能≥3级（>60min）	从15种气态和液态化学品中至少选3种进行测试，耐压穿透性能≥1级（>3.5kPa）	测试12种液态化学品的渗透性能，每种化学品渗透性能≥1级（>60min）	从15种气态和液态化学品中至少选3种进行测试，耐压穿透性能≥1级（>3.5kPa）
欧盟	无	—	—	—	—

表 7-2-6 非气密型防护服中欧标准比对——整体阻隔性能

国家/地区	标准号/产品类别	液体泄露性能
中国	GB 24539—2009/非气密型防护服 2-ET	喷淋测试，20min 无穿透
欧盟	无	—

表7-2-7　喷射液密型防护服中欧标准比对——物理机械性能

国家/地区	标准号/产品类别	耐磨损性能	耐屈挠破坏性能	低温（-30℃）耐屈挠破坏性能（可选）	撕裂强力	断裂强力	抗刺穿性能	接缝强力	耐低温耐高温性能
中国	GB 24539—2009 喷射液密型防护服 3a（应急救援响应队用）	≥3级（>500圈）	≥1级（>1000次）	—	≥1级（>10N）	≥1级（>30N）	≥1级（>5N）	≥1级（>30N）	面料经70℃或-40℃预处理8h后，断裂强力下降≤30%
中国	GB 24539—2009 喷射液密型防护服 3a-ET	≥3级（>500圈）	≥1级（>1000次）	—	≥1级（>10N）	≥1级（>30N）	≥1级（>5N）	≥1级（>30N）	面料经70℃或-40℃预处理8h后，断裂强力下降≤30%
欧盟	EN 14605：2005+A1：2009 喷射液密型 Type 3	≥1级（>10圈）	≥1级（>100次）	≥1级（>100次）	≥1级（>10N）	≥1级（>30N）	≥1级（>5N）	≥1级（>30N）	—

表7-2-8　喷射液密型防护服中欧标准比对——面料阻隔性能

国家/地区	标准号/产品类别	渗透性能	液体耐压穿透性能	接缝渗透性能	接缝液体耐压穿透性能
中国	GB 24539—2009 喷射液密型防护服 3a（应急救援响应队用）	从15种气态和液态化学品中至少选择1种液态化学品进行测试，渗透性能≥3级（>60min）	从15种气态和液态化学品中至少选3种，耐压穿透性能≥1级（>3.5kPa）	从15种气态和液态化学品中至少选1种进行测试，渗透性能≥3级（>60min）	从15种气态和液态化学品中至少选1种进行试验，耐压穿透性能≥1级（>3.5kPa）
中国	GB 24539—2009 喷射液密型防护服 3a	从15种气态和液态化学品中至少选至1种液态化学品的渗透性能≥3级（>60min）	从15种气态和液态化学品中至少选3种，耐压穿透性能≥1级（>3.5kPa）	—	从15种气态和液态化学品中至少选1种进行试验，耐压穿透性能≥1级（>3.5kPa）
欧盟	EN 14605：2005+A1：2009 喷射液密型 Type 3	从15种气态和液态化学品中至少选1种，渗透性能≥1级（>10min）	—	从15种气态和液态化学品中至少选1种，渗透性能≥1级（>10min）	—

表 7-2-9 喷射液密型防护服中欧标准比对——整体阻隔性能

国家/地区	标准号/产品类别	喷射测试性能
中国	GB 24539—2009 喷射液密型防护服 3a-ET（应急救援响应队用）	液体表面张力 0.032N/m ± 0.002N/m，喷射压力 150kPa 沾污面积小于标准沾污面积 3 倍
中国	GB 24539—2009 喷射液密型防护服 3a	液体表面张力 0.032N/m ± 0.002N/m，喷射压力 150kPa 沾污面积小于标准沾污面积 3 倍
欧盟	EN 14605：2005+A1：2009 喷射液密型 Type 3	液体表面张力 0.030N/m ± 0.005N/m，喷射压力 150kPa 沾污面积小于标准沾污面积 3 倍

表 7-2-10 泼溅液密型防护服中欧标准比对——物理机械性能

国家/地区	标准号/产品类别	耐磨损性能	耐屈挠破坏性能	低温（-30℃）耐屈挠破坏性能（可选）	撕破强力	断裂强力	抗刺穿性能	接缝强力	耐低温耐高温性能
中国	GB 24539—2009 喷射液密型防护服 3b	≥1级（>10圈）	≥1级（>1000次）	—	≥1级（>10N）	≥1级（>30N）	≥1级（>5N）	≥1级（>30N）	面料经 70℃或-40℃预处理 8h后，断裂强力下降≤30%
欧盟	EN 14605：2005+A1：2009 喷溅液密型 Type 4	≥1级（>10圈）	≥1级（>1000次）	≥1级（>100次）	≥1级（>10N）	≥1级（>30N）	≥1级（>5N）	≥1级（>30N）	—

表 7-2-11　泼溅液密型防护服中欧标准比对——面料阻隔性能

国家/地区	标准号/产品类别	渗透性能	接缝渗透性能	接缝液体耐压穿透性能	拒液性能
中国	GB 24539—2009 泼溅液密型防护服 3b 型	从 15 种气态和液态化学品中至少选择 1 种液态化学品进行测试，渗透性能≥1级（>10min）	—	从 15 种气态和液态化学品中至少选 1 种进行试验，耐压穿透性能≥1级（>3.5kPa）	拒液指数≥1级（>80%）穿透指数≥1级（<10%）4 种规定化学品中至少 1 种
欧盟	EN 14605：2005+A1：2009 泼溅液密型 Type 4	从 15 种气态和液态化学品中至少选择 1 级，渗透性能≥1级（>10min）	从 15 种气态和液态化学品中至少选择 1 种，渗透性能≥1级（>10min）	—	—

表 7-2-12　泼溅液密型防护服中欧标准比对——整体阻隔性能

国家/地区	标准号/产品类别	泼溅测试
中国	GB 24539—2009 泼溅液密型防护服 3b 型	液体表面张力 0.032N/m ± 0.002N/m，喷射压力 300kPa 流量：1.14L/min 测试时间：1min 沾污面积小于标准沾污面积 3 倍
欧盟	EN 14605：2005+A1：2009 泼溅液密型 Type 4	液体表面张力 0.030N/m ± 0.005N/m，喷射压力 300kPa 流量 1.14L/min，测试时间：1min 沾污面积小于标准沾污面积 3 倍

表 7-2-13　颗粒物防护服中欧标准比对——物理机械性能

国家/地区	标准号/产品类别	耐磨损性能	耐屈挠破坏性能	撕破强力	断裂强力	抗刺穿性能	接缝强力	耐低温耐高温性能
中国	GB 24539—2009 颗粒物防护服 4 型	≥1级（>10圈）	≥1级（>1000次）	≥1级（>10N）	≥1级（>30N）	≥1级（>5N）	≥1级（>30N）	面料经 70℃或 -40℃预处理 8h后，断裂强力下降≤30%
欧盟	EN ISO 13982-1: 2004＋A1: 2010 颗粒物防护服 Type 5	≥1级（>10圈）	≥1级（1000次）	≥1级（>10N）	—	≥1级（>5N）	≥1级（>30N）	—

表 7-2-14　颗粒物防护服中欧标准比对——面料阻隔性能

国家/地区	标准号/产品类别	耐固体颗粒物穿透性能	耐静水压性能
中国	GB 24539—2009 颗粒物防护服 4 型	≥70%	面料的耐静水压≥1级（>1.0kPa）；耐磨测试后，下降率不得大于 50%
欧盟	EN ISO 13982-1: 2004＋A1: 2010 颗粒物防护服 Type 5	—	—

表 7-2-15　颗粒物防护服中欧标准比对——整体阻隔性能

国家/地区	标准号/产品类别	整体颗粒向内泄露测试
中国	GB/T 29511—2013 固体颗粒物化学防护服	Ljmn, 82/90 ≤15%；LS8/10 ≤15%
欧盟	EN ISO 13982-1: 2004＋A1: 2010 / 颗粒物防护服 Type 5	Ljmn, 82/90 ≤30%；LS8/10 ≤15%

表 7-2-16　有限泼溅液密型防护服中欧标准比对——物理机械性能

国家/地区	标准号/产品类别	耐磨损性能	耐屈挠破坏性能	撕破强力	断裂强力	抗刺穿性能	接缝强力
中国	无						
欧盟	EN 13034 2005+A1: 2009 有限泼溅液密型防护服 Type 6	≥1级（>10圈）	—	≥1级（>10N）	≥1级（>30N）	≥1级（>5N）	≥1级（>30N）

表 7-2-17　有限泼溅液密型防护服中欧标准比对——面料阻隔性能

国家/地区	产品类别	拒液性能	拒液阻隔性能
中国	无		
欧盟	EN 13034: 2005+A1: 2009 有限泼溅液密型防护服 Type 6	拒液指数 ≥3 级（>95%）穿透指数≥2 级（<5%）；4 种规定化学品中至少 1 种	—

表 7-2-18　有限泼溅液密型防护服中欧标准比对——整体阻隔性能

国家/地区	产品类别	有限泼溅测试
中国	无	
欧盟	EN 13034: 2005+A1: 2009 有限泼溅液密型防护服 Type 6	液体表面张力 0.052N/m ± 0.0075N/m，喷射压力 300kPa 流量 0.47 L/min，测试时间：1min；沾污面积小于标准沾污面积 3 倍

表 7-2-19　医用一次性防护服中欧标准比对——机械性能

国家/地区	标准号	断裂强力
中国	GB 19082—2009	关键部位材料≥45 N；断裂伸长率≥15%（非强制）
欧盟	EN 14126：2003	本标准无要求，取决于 type 3/4/5/6/ 型要求（测试分级方法见 EN 14325）

表 7-2-20　医用一次性防护服中欧标准比对——阻隔性能

国家/地区	标准号	液体阻隔性能				阻传染性生物质性能			
		抗渗水性	表面抗湿	抗合成血穿透	抗噬菌体穿透	阻干态微生物（lg CFU）	阻湿态微生物（透过时间，min）	阻微生物气溶胶（对数降低值）	颗粒过滤效率
中国	GB 19082—2009	关键部位静水压不低于1.67kPa（17cmH$_2$O）	外侧沾水不低于3级（试样表面喷淋点处润湿，ISO 4920）	至少2级（1.75kPa），共6级（最高20kPa）	—	—	—	—	关键部位及接缝处对非油性颗粒物应不小于70%
欧盟	EN 14126：2003	—	—	1级 0kPa；2级 1.75kPa；3级 3.5kPa；4级 7kPa；5级 14kPa；6级 20kPa；测试方法：ISO 16603	1级 0kPa；2级 1.75kPa；3级 3.5kPa；4级 7kPa；5级 14kPa；6级 20kPa；测试方法：ISO 16604	1级 2 <lg CFU ≤3；2级 1 <lg CFU ≤2；3级 lg CFU ≤1	1级 t ≤15；2级 15 <t ≤30；3级 30 <t ≤45；4级 45 <t ≤60；5级 60 <t ≤75；6级 t >75	1级 1 <lg ≤3；2级 3 <lg ≤5；3级 lg >5	—

表7-2-21 医用一次性防护服中欧标准比对——其他性能

国家/地区	标准号	舒适性指标	生物相容性	微生物指标	抗静电及静电衰减	阻燃性能	落絮
中国	GB 19082—2009	≥2500 g/(m²·d)	原发性刺激计分不超过1（方法 GB/T 16886.10—2005等同采用 ISO 10993.10—2002）	灭菌防护服应无菌；否则应满足：细菌菌落总数≤200CFU/g，真菌菌落总数 ≤100 CFU/g，大肠菌群、绿脓杆菌、金黄色葡萄球菌、溶血性链球菌不得检出	带电量≤0.6μC/件；静电衰减时间≤0.5s	损毁长度≤200mm；续燃时间≤15s；阴燃时间≤10s	—
欧盟	EN 14126: 2003	该标准无要求，在各类型化学防护服及EN 14325 中也无要求	该标准无要求，在各型化学防护服及EN 14325 中也无要求	该标准无要求，在各型化学防护服及EN 14325 中也无要求	该标准无要求，在各型化学防护服及EN 14325 中也无要求	该标准无要求，防护服材料应按照EN 14325 测试：3级，样本在火焰停留 5s；2级，样本在火焰停留 1s；1级，样本不停留。满足以上条件情况下，续燃不超过 5s，不滴落，气密性不受影响	该标准无要求，在各型化学防护服及EN 14325 中也无要求

第三节　医用手套

针对医用手套产品，专家组收集、汇总并比对了中国与欧盟标准共 11 项，其中：中国标准 7 项，欧盟标准 4 项。具体比对分析情况如下：

中国一次性使用医用橡胶检查手套执行《一次性使用医用橡胶检查手套》（GB 10213—2006），一次性使用灭菌橡胶外科手套执行《一次性使用灭菌橡胶外科手套》（GB 7543—2006）；欧盟医用手套统一执行《一次使用医用手套：无孔要求》（EN 455-1：2000）、《一次使用医用手套：物理性能》（EN 455-2：2015）、《一次使用医用手套：生物评价》（EN 455-3：2015）、《一次使用医用手套：储存要求》（EN 455-4：2009）4 项标准。相关技术指标要求比对情况详见表 7-3-1 ～表 7-3-7。

表 7-3-1　医用手套中欧标准比对——手套分类

国家 / 地区	标准号	手套分类
中国	GB 10213—2006 （等同采用 ISO 11193.1：2002）	类别 1：主要以天然橡胶胶乳制造的手套； 类别 2：主要由丁腈胶乳、氯丁橡胶胶乳，丁苯橡胶溶液，丁苯橡胶乳液或热塑性弹性体溶液制成的手套
	GB 7543—2006 （等同采用 ISO 10282：2014）	类别 1：主要以天然橡胶胶乳制造的手套； 类别 2：主要由丁腈胶乳、异戊二烯橡胶胶乳、氯丁橡胶胶乳，丁苯橡胶溶液，丁苯橡胶乳液或热塑性弹性体溶液制成的手套
欧盟	EN 455-2：2015	类别 1：外科手套； 类别 2：除热塑性材料（如：聚氯乙烯，聚乙烯）以外的检查手套； 类别 3：热塑性材料（如：聚氯乙烯，聚乙烯）检查手套

表 7-3-2　医用手套中欧标准比对——应用场合

国家 / 地区	标准	应用场合
中国	GB 10213—2006 （等同采用 ISO 11193.1：2002）	用于医用检查和诊断过程中防止病人和使用者之间交叉感染，也用于处理受污染医疗材料。规定了橡胶检查手套性能和安全性的要求，但检查手套的安全、正确使用和灭菌过程及随后的处理和贮存过程不在本标准的范围之内

国家 / 地区	标准	应用场合
中国	GB 7543—2006 （等同采用 ISO 10282：2002）	用于外科操作中防止病人和使用者交叉感染、无菌包装的橡胶手套的技术要求。适用于穿戴一次然后丢弃的一次性手套。不适用于检查手套或一系列操作用手套。它包括具有光滑表面的手套和部分纹理或全部纹理的手套。 橡胶外科手套性能和安全性。但外科手套的安全、正确使用和灭菌过程及随后的处理、包装和贮存过程不在本标准的范围之内
欧盟	EN 455-1：2000 EN 455-2：2015 EN 455-3：2015 EN 455-4：2009	用于医用检查和诊断过程中防止病人和使用者之间交叉感染，也用于处理受污染医疗材料

表 7-3-3　医用手套中欧标准比对——材料

国家 / 地区	标准号	材料
中国	GB 10213—2006 （等同采用 ISO 11193.1：2002）	a）配合橡胶：天然橡胶、氯丁橡胶、丁苯橡胶、热塑性弹性体溶液或乳液。 为便于穿戴，可使用符合 ISO 10993 要求的润滑剂、粉末或聚合物涂覆物进行表面处理。 b）使用的任何颜料应为无毒。用于表面处理的可迁移物质应是可生物吸收的。 c）提供给用户的手套应符合 ISO 10993 相关部分的要求。必要时制造商应使购买者易于获得符合这些要求的资料
中国	GB 7543—2006 （等同采用 ISO 10282：2002）	a）配合橡胶：天然橡胶、丁腈橡胶、氯丁橡胶、丁苯橡胶、异戊橡胶、热塑性弹性体溶液。 b）为便于穿戴，可使用符合 ISO 10993 要求的润滑剂、粉末或聚合物涂覆物进行表面处理。 c）使用的任何颜料应为无毒。用于表面处理的可迁移物质应是可生物吸收的。 d）提供给用户的手套应符合 ISO 10993 相关部分的要求。必要时制造商应使购买者易于获得符合这些要求的资料
欧盟	EN 455-3：2015	a）见分类中对材料的要求。 b）手套中不得使用滑石粉（硅酸镁）。如果存在替代技术，应避免使用已知会引起过敏的化学物质。应参照 EN ISO 10993-17 中的规定，尽可能确定可浸出残余化学品的允许限值，并应遵守这些限值。如不可确认限值，残留化学物质的含量应"尽可能合理地低"（ALARP– 参见 EN ISO 14971）。 c）制造商应按要求披露制造过程中添加的或已知存在的化学成分清单，如促进剂、抗氧化剂和抗微生物生物剂等已知的会对健康造成不利影响的化学成分。 d）一次性使用医用手套的材料应按照 EN ISO 10993 系列标准中的规定进行评估

表 7-3-4　医用手套中欧标准比对——物理性能、灭菌和不透水性要求

国家/地区	标准号	物理性能要求	灭菌	不透水性
中国	GB 10213—2006（等同采用 ISO 11193.1: 2002）	老化前扯断力：≥7.0N； 老化前拉断伸长率：1类≥650%；2类≥500%； 老化后扯断力：1类≥6.0N；2类≥7.0N； 老化后拉断伸长率：1类≥500%；2类≥400% 老化条件：70℃±2℃，168h±2h	如果手套是灭菌的，应按要求标识手套灭菌处理的类型	不透水
中国	GB 7543—2006（等同采用 ISO 10282: 2002）	老化前扯断力：1类≥12.5N；2类≥9N； 老化前拉断伸长率：1类≥700%；2类≥600%； 老化前300%定伸负荷：1类≤2.0N；1类≤3.0N； 老化后扯断力：1类≥9.5N；2类≥9.0N； 老化后拉断伸长率：1类≥550%；2类≥500%； 老化条件：70℃±2℃，168h±2h	手套应灭菌，并按要求标识手套灭菌处理的类型	不透水
欧盟	EN 455-1: 2000 EN 455-2: 2015	检查（诊断）手套：扯断力≥6.0N（非热塑性材料，如：聚氯乙烯，聚乙烯，聚乙烯以外的检查手套）。扯断力≥3.6N（热塑性材料，如：聚氯乙烯，聚乙烯，聚乙烯检查手套）。需要测量指尖处角度并对比试样厚度（按照 ISO 23529: 2010 要求，若厚度差超过10%，需要以指尖/试样厚度比值作为校正因子校正拉伸测试结果	如果手套是灭菌的，灭菌试验应按 ISO 11737 规定的灭菌方法进行，并按照 EN ISO 15223-1 中灭菌方法的标签要求进行标识	不透水

表 7-3-5　医用手套中欧标准比对——检查水平和接收质量限（AQL）

国家/地区	标准号	物理尺寸	不透水性	扯断力和拉断伸长率
中国	GB 10213-2006（等同采用 ISO 11193.1: 2002）	检查水平：S-2 AQL：4.0	检查水平：G-I AQL：2.5	老化前、老化后，检查水平：S-2；AQL：4.0
中国	GB 7543-2006（等同采用 ISO 10282: 2002）	检查水平：S-2 AQL：4.0	检查水平：I AQL：1.5	300% 定伸（老化前），检查水平：S-2；AQL：4.0
欧盟	EN 455-1: 2000 EN 455-2: 2015	符合 93/42/EEC 要求	符合 93/42/EEC 要求；伸裁试验：检查水平：G-1，AQL：1.5	符合 93/42/EEC 要求

表7-3-6 医用橡胶检查手套中欧标准比对——尺寸与公差

国家/地区	标准号	尺寸代码	标称尺寸	中位长度/mm	中位宽度/mm	宽度（尺寸 w）/mm	最小长度（尺寸 l）/mm	最小厚度（手指位置测量）/mm	最大厚度（大约在手掌的中心）/mm
中国	GB 10213—2006（等同采用 ISO 11193.1: 2002）	6及以下	特小（XS）	—	—	≤80	220	对所有尺寸：光面：0.08；麻面：0.11	对所有尺寸：光面：2.00；麻面：2.03
		6.5	小（S）	—	—	80±5	220		
		7	中（M）	—	—	85±5	230		
		7.5	中（M）	—	—	95±5	230		
		8	大（L）	—	—	100±5	230		
		8.5	大（L）	—	—	110±5	230		
		9及以上	特大（XL）	—	—	≥110	230		
欧盟	EN 455-2: 2015	特小	—	≥240	≤80	—	—	—	—
		小	—		80±10	—	—	—	—
		中	—		95±10	—	—	—	—
		大	—		110±10	—	—	—	—
		特大	—		≥110	—	—	—	—

表7-3-7 一次性使用灭菌橡胶外科手套中欧标准比对——尺寸与公差

国家/地区	标准号	尺寸代码	中位长度/mm	中位宽度/mm	宽度（尺寸w）/mm	最小长度（尺寸l）/mm	最小厚度（手指位置测量）/mm
中国	GB 7543—2006（等同采用ISO 10282：2002）	5	—	—	67±4	250	对所有尺寸：光面：0.10；麻面：0.13
		5.5	—	—	72±4	250	
		6	—	—	77±5	260	
		6.5	—	—	83±5	260	
		7	—	—	89±5	270	
		7.5	—	—	95±5	270	
		8	—	—	102±6	270	
		8.5	—	—	108±6	280	
		9	—	—	114±6	280	
		9.5	—	—	121±6	280	
欧盟	EN 455-2：2015	5	250	67±4	—	—	—
		5.5	250	72±4	—	—	
		6	260	77±5	—	—	
		6.5	260	83±5	—	—	
		7	270	89±5	—	—	
		7.5	270	95±5	—	—	
		8	270	102±6	—	—	
		8.5	280	108±6	—	—	
		9	280	114±6	—	—	
		9.5	280	121±6	—	—	

第四节 职业用眼面防护具

针对职业用眼面防护具产品，专家组收集、汇总并比对了中国与欧盟标准共2项，其中：中国标准1项，欧盟标准1项。具体比对分析情况如下：

中国职业用眼面防护具执行《个人用眼护具技术要求》（GB 14866—2006），该标准适用于具有防冲击、防高速粒子冲击、防飞溅化学液滴等性能（不含红外、紫外等光学辐射防护）的各类个人用眼护具，也是疫情防护背景下最相关的眼护具标准；欧盟职业用眼面防护具执行《个人用眼护具要求》（EN 166：2001），该标准适用于除核辐射、X光、激光束和低温源发出的低温红外辐射类型之外，所有类型的个人用眼护具。

中欧标准由于适用范围不同而技术要求有所不同，但两个标准对眼面防护具主要防护性能要求均做了类似规定，关键技术指标比对情况详见表7-4-1~表7-4-5。

表 7-4-1 职业用眼面防护具中欧标准比对——镜片规格、外观、屈光度、棱镜度

国家/地区	标准号	参数名称			
		镜片规格	镜片外观质量	屈光度	棱镜度
中国	GB14866—2006	a）单镜片：长×宽尺寸不小于：105mm×50mm；b）双镜片：圆镜片的直径不小于40mm；成形镜片的水平基准长度×垂直高度尺寸不小于：30mm×25mm	镜片表面应光滑、无划痕、波纹、气泡、杂质或其他的明显能有损视力的明显缺陷	镜片屈光度互差为 $^{+0.05}_{-0.07}$ D	a）平面型镜片棱镜度互差不得超过0.125△；b）曲面型镜片的镜片中心与其他各点之间垂直和水平棱镜度互差均不得超过0.125△；c）左右眼镜片的棱镜度互差不得超过0.18△
欧盟	EN 166: 2001	将眼护具佩戴在头模上，眼护具距离头表面25mm，眼护具的视野应该满足：椭圆的长轴为22.0mm，短轴为20.0mm。两个椭圆的圆心距 $d=c+6$mm，c 为瞳距	距离边缘5mm以上的镜片表面应无任何显著影响观察的缺陷，如气泡、刮痕、杂质、斑痕、凹痕、模糊、污垢、条纹、麻点、剥落	屈光度（见下表）	棱镜度（见下表）

欧盟 屈光度：

光学等级	球镜度/m⁻¹	柱镜度/m⁻¹
1	±0.06	≤0.06
2	±0.06	≤0.12
3	$-0.25\sim+0.12$	≤0.25

欧盟 棱镜度（棱镜度互差）：

光学等级	水平方向/（cm/m）		垂直方向/（cm/m）
	基底朝外	基底朝内	
1	≤0.75	≤0.25	≤0.25
2	≤1.00	≤0.25	≤0.25
3	≤1.00	≤0.25	≤0.25

表 7-4-2 职业用眼面防护具中欧标准比对——可见光投射比、抗冲击、耐热性能

国家/地区	标准号	可见光透射比	抗冲击性能	耐热性能
中国	GB 14866—2006	a) 在镜片中心范围内，滤光镜可见光透射比的相对误差应符合表 7-4-3 中规定的范围； b) 无色透明镜片：可见光透射比应大于 0.89	用于抗冲击的眼护具，镜片和眼护具应能经受直径 22mm、45g 钢球从 1.3m 下落的冲击	经 67 ℃±2 ℃高温处理后，应无异常现象，可见光透射比、屈光度、棱镜度满足标准要求
欧盟	EN 166:2001	a) 镜片：防护机械伤害或仅防护化学伤害的镜片或面屏可见光透射比应大于 74.4%； b) 框架：若镜护具配有滤光作用的镜片，镜片框架的透射比应至少与镜片匹配。 c) 镜片的 P1、P2 值应符合表 7-4-4 中范围，P3 应不超出下表 7-4-4 中数值或 20% 两者较大值	a) 最低冲击性能，镜片和眼护具应能经受 22mm 钢球 100N±2N 的静态压力。 b) 增强冲击性能。应能经受直径 22mm、重约 43g 钢球从 1.27m～1.3m 下落的冲击	经 55 ℃±5 ℃，60min±5min，23 ℃±5 ℃，至少 60min，装成的镜片经高温度处理后不应出现明显变形

表 7-4-3 GB 14866—2006 中可见光透射比的相对误差

透射比	相对误差 /%
1.00～0.179	±5
0.179～0.085	±10
0.085～0.0044	±10
0.0044～0.00023	±15
0.00023～0.000012	±20
0.000012～0.00000023	±30

表 7-4-4　EN 166: 2001 可见光透过率相对误差

可见光透过率		允许的相对误差 /%
最大	最小	
1.00	0.179	±5
0.179	0.0044	±10
0.0044	0.00023	±15
0.00023	0.000012	±20
0.000012	0.00000023	±30

表 7-4-5　职业用眼面防护具中欧标准比对——耐腐蚀性及其他性能

国家/地区	标准号	耐腐蚀性能	有机镜片表面耐磨性	防高速粒子冲击性能				化学雾滴防护性能	粉尘防护性能	刺激性气体防护性能
				眼护具类型	直径 6mm、质量约 0.86g、钢球冲击速度					
					45m/s ~ 46.5m/s	120m/s ~ 123m/s	190m/s ~ 195m/s			
中国	GB 14866—2006	眼护具的所有金属部件表面应光滑、无可见的腐蚀现象	镜片表面磨损率 H 应低于 8%	眼镜	允许	不允许	不允许	经显色喷雾测试,若镜片中心范围内试纸无色斑出现,则认为合格	若测试后与测试前的反射率比大于80%,则认为合格	若镜片中心范围内试纸无色斑出现,则认为为合格
				眼罩	允许	允许	不允许			
				面罩	允许	允许	允许			
欧盟	EN 166: 2001	眼护具的所有金属部件应呈无氧化的光滑表面	镜片表面亮度因数不应大于 5cd/ (m² · lx)	眼镜	允许	不允许	不允许	a) 在镜片中心区域应无粉红色出现。在护目镜边缘 6mm 内可不考虑; b) 面罩应覆盖头部要求的眼睛区域	试验后的反射率不小于试验前值的80%	在镜片中心评估区域应无深粉红色或深红色出现。在护目镜边缘 6mm 内可不考虑
				眼罩	允许	允许	不允许			
				面罩	允许	允许	允许			

第五节 呼吸机

针对呼吸机产品，专家组收集、汇总并比对了中国与欧盟标准共8项，其中：中国标准4项，欧盟标准4项。具体比对分析情况如下：

在通用安全方面，中国现行有效标准是《医用电气设备 第1部分：安全通用要求》（GB 9706.1—2007），欧盟标准是《医用电气设备 第1部分：基本安全和基本性能的通用标准》（EN 60601-1：2006+A1：2013）均采用了国际标准IEC 60601-1，但中欧标准采用的版本不同，中国标准等同采用IEC 60601-1：1995，欧盟标准则等同采用了IEC 60601-1：2012。中国已于2020年4月9日发布了新版标准GB 9706.1—2020，新标准修改采用IEC 60601-1：2012。中欧标准关键性技术指标差异详见比对表7-5-1。

在专用标准方面，中国和欧盟根据不同的呼吸机分别制定了不同的专用标准。针对用于ICU重症监护室的重症护理呼吸机，中国标准为《医用电气设备 第2部分：呼吸机安全专用要求 治疗呼吸机》（GB 9706.28—2006），该标准修改采用了国际标准IEC 60601-2-12：2001，中国于2020年4月9日发布了新版安全专用标准《医用电器设备 第2-12部分：重症护理呼吸机的基本安全和基本性能专用要求》（GB 9706.212—2020），GB 9706.212—2020修改采用国际标准ISO 80601-2-12：2011，但与ISO 80601-2-12：2011之间无关键性技术指标差异。适用于此类呼吸机的现行欧盟标准为《医用电气设备 第2-12部分：呼吸机安全专用要求 治疗呼吸机》（EN ISO 80601-2-12：2020），该标准等同采用ISO 80601-2-12：2020。欧盟标准EN ISO 80601-2-12：2020要求整体高于中国标准GB 9706.28—2006，但两者之间关键性技术指标无差异，两者比较详见表7-5-2。

针对急救和转运用呼吸机，中国标准为《医用呼吸机 基本安全和主要性能专用要求 第3部分：急救和转运用呼吸机》（YY 0600.3—2007），该标准修改采用国际标准ISO 10651-3：1997，无关键性技术指标的差异。欧盟适用于此类呼吸机的标准为《医用呼吸机 急救和转运用呼吸机专用要求》（EN 794-3：1998+A2：2009），该标准等同采用国际标准ISO 10651-3：1997。中欧标准间无关键性技术指标的差异，详见比对表7-5-3。

针对生命支持型家用呼吸机，中国现行有效标准为《医用呼吸机 基本安全和主要性能专用要求 第 2 部分：依赖呼吸机患者使用的家用呼吸机》（YY 0600.2—2007），该标准修改采用国际标准 ISO 10651-2：2004，与国际标准相比较，除了气源接口选用了国际标准规定的三种规格接口中的一种外，其他内容与国际标准一致，没有关键性技术指标的修改。此外，修改采用 ISO 80601-2-72：2015 的中国标准已完成报批，等待发布。欧盟适用于此类呼吸机的现行有效标准为《医用电气设备 第 2-72 部分：依赖呼吸机患者使用的家用呼吸机的基本安全和基本性能专用要求》（EN ISO 80601-2-72：2015），该标准等同采用国际标准 ISO 80601-2-72：2015。中欧标准之间的比较详见表 7-5-4。

表 7-5-1 用于 ICU 重症监护室的呼吸机中欧安全通用标准比对

国家/地区	标准号	标准名称	与国际标准的对应关系
中国	GB 9706.1—2007	医用电气设备 第 1 部分：安全通用标准	IEC 60601-1：1995，IDT
欧盟	EN 60601-1：2006+A1：2013	医用电气设备 第 1 部分：基本安全和基本性能的通用标准	IEC 60601-1：2012，IDT
差异分析	1. 中欧标准与国际标准对应关系： ——中国标准 GB 9706.1—2007 等同采用国际标准 IEC 60601-1：1995。2020 年 4 月 9 日，中国发布新版呼吸机安全通用标准 GB 9706.1—2020，新标准修改采用国际标准 IEC 60601-1：2012，与国际标准相比较，没有关键性技术指标的修改。 ——欧盟标准 EN 60601-1：2006+A1：2013 等同采用国际标准 IEC 60601-1：2012。 2. 国际标准各版本间比较： ——IEC 60601-1：2012 取消并代替了 IEC 60601-1：2005，而 IEC 60601-1：2005 取消并代替 IEC 60601-1：1995。 ——相对于 IEC 60601-1：1995，IEC 60601-1：2005 主要作了如下技术内容的修改： 增加了对基本性能识别的要求； 增加了机械安全的相关要求； 区分了对操作者的防护和患者防护不同的要求； 增加了防火的要求。 ——IEC 60601-1：2012 与 IEC 60601-1：2005 之间无关键性技术指标的变化		

表 7-5-2　用于 ICU 重症监护室的呼吸机中欧专用标准比对

国家/地区	标准号	标准名称	与国际标准的对应关系
中国	GB 9706.28—2006	医用电气设备　第 2 部分：呼吸机安全专用要求　治疗呼吸机	IEC 60601-2-12：2001，MOD
欧盟	EN ISO 80601-2-12：2020	医用电气设备　第 2-12 部分：呼吸机安全专用要求　治疗呼吸机	ISO 80601-2-12：2020，IDT
差异分析	1. 中欧标准与国际标准对应关系： ——中国标准 GB 9706.28—2006 修改采用国际标准 IEC 60601-2-12：2001，与国际标准相比较，没有关键性技术指标的修改。 注：2020 年 4 月 9 日，中国发布新版呼吸机专用标准 GB 9706.212—2020，新标准修改采用国际标准 ISO 80601-2-12：2011，与国际标准相比较，没有关键性技术指标的修改。 ——欧盟标准 EN ISO 80601-2-12：2020 等同采用国际标准 ISO 80601-2-12：2020。 2. 国际标准各版本间比较： ——ISO 80601-2-12：2020 取消并代替了 ISO 80601-2-12：2011，而后者又取消并代替了 IEC 60601-2-12：2001。 ——相对于 IEC 60601-2-12：2001，ISO 80601-2-12：2011 主要作了如下技术内容的修改： 　修改了适用范围，涵盖了可能影响呼吸机基本安全和基本性能的附件； 　修改了呼气支路阻塞（持续气道压力）报警状态的要求； 　进一步增加了通气性能测试要求； 　增加了机械强度（防冲击和振动）测试要求； 　增加了外壳防水要求。 ——相对于 ISO 80601-2-12：2011，ISO 80601-2-12：2020 主要作了如下技术内容的修改： 　对规范性引用的通用标准、并列标准等做了版本更新； 　增加了元器件在预期使用寿命内失效概率的确定； 　增加了输送气体最大的焓的要求； 　增加了内部电源运行时间新的要求（增加电池耗尽前 10min 激活中优先级报警的要求）； 　增加了性能测试和宣称的要求； 　增加了防止危险输出的补充要求； 　增加了 93% 氧输入气体的考虑。 ——ISO 80601-2-12：2020 相对于 IEC 60601-2-12：2001 提出了更高的要求，但在基本性能指标精度方面两者要求一致

表 7-5-3 急救和转运呼吸机中欧专用标准比对

国家 / 地区	标准号	标准名称	与国际标准的对应关系
中国	YY 0600.3—2007	医用呼吸机 基本安全和主要性能专用要求 第 3 部分：急救和转运用呼吸机	ISO 10651-3：1997，MOD
欧盟	EN 794-3：1998+A2：2009	医用呼吸机 急救和转运用呼吸机专用要求	ISO 10651-3：1997，IDT
差异分析	中国标准修改采用国际标准 ISO 10651-3：1997，与国际标准相比较，没有关键性技术指标的修改，但对于运行环境温度和抗扰度试验电平，增加了制造商另行规定的权利。欧盟标准 EN 794-3：1998+A2：2009 等同采用国际标准 ISO 10651-3：1997。因此，中国标准和欧盟标准之间无关键性技术指标的差异		

表 7-5-4 生命支持型家用呼吸机中欧专用标准比对

国家 / 地区	标准号	标准名称	与国际标准的对应关系
中国	YY 0600.2—2007	医用呼吸机 基本安全和主要性能专用要求 第 3 部分：依赖呼吸机患者使用的家用呼吸机	ISO 10651-2：2004，MOD
欧盟	EN ISO 80601-2-72：2015	医用电气设备 第 2-72 部分：依赖呼吸机患者使用的家用呼吸机的基本安全和基本性能专用要求	ISO 80601-2-72：2015，IDT
差异分析	1. 中欧标准与国际标准对应关系： ——中国标准修改采用国际标准 ISO 10651-2：2004，与国际标准相比较，除了气源接口选用了国际标准规定的三种中的一种外，其他内容与国际标准一致，没有关键性技术指标的修改。 ——欧盟标准 EN ISO 80601-2-72：2015 等同采用国际标准 ISO 80601-2-72：2015。 2. 国际标准各版本间比较： ——ISO 80601-2-72：2015 取消并代替了 ISO 10651-2：2004。 ——相对于 ISO 10651-2：2004，ISO 80601-2-72：2015 主要作了如下技术内容的修改： 将范围扩大到包括呼吸机及其附件； 规定了呼吸机及其附件的基本性能； 修改了呼气支路阻塞（持续气道压力）的报警状态要求； 增加了通气性能测试； 增加了机械强度测试； 使用了全新的符号； 增加了呼吸机作为医用电气系统组件的要求； 增加了外壳完整性测试要求； 增加了清洗与消毒程序测试要求； 考虑了经气路向患者输送呼吸用气体时存在的污染可能。 ——相对于 ISO 10651-2：2004，ISO 80601-2-72：2015 要求更高		

第六节　测温仪

针对医用测温仪产品，专家组收集、汇总并比对了中国与欧盟标准共 5 项，其中：中国标准 3 项，欧盟标准 2 项。具体比对分析情况如下：

在通用安全方面，中国现行国家标准《医用电气设备　第 1 部分：安全通用要求》（GB 9706.1—2007）和欧盟标准《医用电气设备　第 1 部分：基本安全和基本性能的通用标准》（EN 60601-1：2006+A1：2014）均采用了国际标准《医用电气设备　第 1 部分：基本安全和基本性能的通用标准》（IEC 60601-1），但两个标准采用的国际标准版本不同，详见比对表 7-6-1。中国已于 2020 年 4 月 9 日发布了新版安全通用标准《医用电气设备　第 1 部分：基本安全和基本性能的通用标准》（GB 9706.1—2020），采用最新版 IEC 60601-1：2012。

在专用标准方面，中国相关标准为《医用红外体温计　第 1 部分：耳腔式》（GB/T 21417.1—2008）和《医用电子体温计》（GB/T 21416—2008），而欧盟相关标准为《医疗电气设备　人体体温测量用体温计的基本安全性和主要性能》（EN ISO 80601-2-56：2017+A1：2018），具体比对见表 7-6-2。

表 7-6-1　医用测温仪中欧标准比对——安全通用标准

国家 / 地区	标准号	标准名称	与国际标准的对应关系
中国	GB 9706.1-2007	医用电气设备　第 1 部分：安全通用标准	IEC 60601-1：1995，IDT
欧盟	EN 60601-1：2006+A1：2014	医用电气设备　第 1 部分：基本安全和基本性能的通用标准	IEC 60601-1：2012，IDT
差异分析	1. 中欧标准与国际标准对应关系： ——中国标准等同采用国际标准 IEC 60601-1：1995。2020 年 4 月 9 日，中国发布新版安全通用标准 GB 9706.1—2020，新标准修改采用国际标准 IEC 60601-1：2012，与国际标准相比较，没有重要技术指标的修改。 ——欧盟采用国际标准 IEC 60601-1：2012。 2. 国际标准各版本间比较： ——IEC 60601-1：2012 取消并代替了 IEC 60601-1：2005，而 IEC 60601-1：2005 取消并代替 IEC 60601-1：1995。 ——相对于 IEC 60601-1：1995，IEC 60601-1：2012 主要作了如下技术内容的修改： 增加了对基本性能识别的要求； 增加了机械安全的相关要求； 区分了对操作者的防护和患者防护不同的要求； 增加了防火的要求		

表 7-6-2　医用测温仪中欧标准比对——专用标准

国家 / 地区	标准号	最大允许误差		温度显示范围
中国	GB/T 21417.1—2008	在 35.0℃ ~ 42.0℃内	± 0.2℃	不窄于 35.0℃ ~ 42.0℃
		在 35.0℃ ~ 42.0℃外	± 0.3℃	
	GB/T 21416—2008	低于 35.3℃	± 0.3℃	不窄于 35.0℃ ~ 41.0℃
		35.3℃ ~ 36.9℃	± 0.2℃	
		37.0℃ ~ 39.0℃	± 0.1℃	
		39.1℃ ~ 41.0℃	± 0.2℃	
		高于 41℃	± 0.3℃	
欧盟	EN ISO 80601-2-56：2017/AMD1：2018	正常使用时，额定输出范围内实验室准确度	± 0.3℃	不窄于 34.0℃ ~ 42.0℃
		额定输出范围外实验室准确度	± 0.4℃	

第七节　隔离衣、手术衣

　　针对隔离衣、手术衣产品，专家组收集、汇总并比对了中国与欧盟标准共 8 项，其中：中国标准 7 项，欧盟标准 1 项。具体比对分析情况如下：

　　中国隔离衣、手术衣执行《病人、医护人员和器械用手术单、手术衣和洁净服》（YY/T 0506 系列标准），欧盟隔离衣、手术衣执行《手术服装（手术衣、洁净服）和手术单要求和试验方法　第 1 部分：手术单和手术衣》（第三版）（EN 13795-1：2019）。相关技术指标要求，详见比对表 7-7-1。

表7-7-1　隔离衣、手术衣中欧标准比对

国家/地区	标准号	区域	抗渗 水性/cmH₂O	阻微生物穿透 干态/CFU	阻微生物穿透 湿态/IB	断裂强力 干态/N	断裂强力 湿态/N	胀破强度 干态/kPa	胀破强度 湿态/kPa	透气性	落絮/Log10(落絮计数)	洁净度 微粒物质/IPM	洁净度 微生物/(CFU dm²)	无菌保证	环氧乙烷残留	生物学要求	关键区域划分	规格	折叠	系带连接牢固度
中国	YY/T 0506 系列	标准性能—关键区域	≥20	不要求	≥2.8	≥20	≥20	≥40	≥40		≤4.0									
		标准性能—非关键区域	≥10	≤300	不要求	≥20	不要求	≥40	不要求	若声称具有高透气性，非关键区域的透气性应≥150mm/s	≤4.0	≤3.5	≤300	以无菌提供的应符合YY/T 0615.1	采用EO灭菌的，EO残留量应≤5μg/g	应按GB/T 16886.1进行生物学评价	标准中有具体图示和尺寸要求	标准中有具体要求，并以附录给出常见规格	有	有
		高性能—关键区域	≥100	不要求	6	≥20	≥20	≥40	≥40		≤4.0									
		高性能—非关键区域	≥10	≤300	不要求	≥20	不要求	≥40	不要求		≤4.0									
欧盟	EN 13795-1：2019	标准性能—关键区域	≥20	不要求	≥2.8	≥20	≥20	≥40	≥40	作为可选试验给出了透气性的试验方法，但无要求	≤4.0	无	≤300	无	无	应按ISO 10993-1进行生物学评价	有涉及，但未详细规定	有涉及，但未详细规定	无	无
		标准性能—非关键区域	≥10	≤300	不要求	≥20	不要求	≥40	不要求		≤4.0									
		高性能—关键区域	≥100	不要求	6	≥20	≥20	≥40	≥40		≤4.0									
		高性能—非关键区域	≥10	≤300	不要求	≥20	不要求	≥40	不要求		≤4.0									

第八节　防护鞋靴

针对防护鞋靴产品，专家组收集、汇总并比对了中国与欧盟标准共 11 项，其中：中国标准 5 项、欧盟标准 6 项。具体比对分析情况如下：

中国个体防护装备（PPE）鞋类标准主要有《个体防护装备　安全鞋》（GB 21148—2007）、《个体防护装备　防护鞋》（GB 21147—2007）、《个体防护装备　职业鞋》（GB 21146—2007）和《个体防护装备　电绝缘鞋》（GB 12011—2009），测试方法标准为《个体防护装备鞋的测试方法》（GB/T 20991—2007）。防化学品鞋标准为《足部防护　防化学品鞋》（GB 20265—2019），该标准 2019 年 12 月 31 日发布，2020 年 7 月 1 日实施。同时，中国医药行业发布 1 个行业标准《一次性使用医用防护鞋套》（YY/T 1633—2019）。此外，防护帽产品方面，中国 2019 年 7 月 24 日发布《一次性使用医用防护帽》（YY/T 1642—2019），2021 年 2 月 1 日实施。

欧盟在防化学品鞋方面主要使用的标准包括《个体防护装备　安全鞋》（EN ISO 20345：2011）、《个体防护装备　防护鞋》（EN ISO 20346：2014）、《个体防护装备　职业鞋》（EN ISO 20347：2012）、《防化学鞋类　第 1 部分：术语和测试方法》（EN 13832-1：2018）、《防化学鞋类　第 2 部分：有限接触化学药品的要求》（EN 13832-2：2018）和《防化学鞋类　第 3 部分：与化学药品长时间接触的要求》（EN 13832-3：2018）等 6 项标准。

考虑到疫情特殊性和相关产品的针对性，本次比对分析重点选取防化学品鞋靴产品，重点比对了防水性、防漏性、防滑性、鞋帮透水性、吸水性、鞋帮撕裂性能、鞋帮拉伸性能、抗化学品性能指标要求。具体技术指标的比对情况见表 7-8-1 ~ 表 7-8-7。

表 7-8-1　防化学品鞋靴标准指标比对——防水性

国家 / 地区	标准号	防水性
中国	GB 21148—2007 GB 21147—2007 GB 21146—2007	行走测试：走完 100 槽长后水透入的总面积不应超过 3cm²。 机器测试：15min 后没有水透入发生。 测试方法：GB/T 20991—2007
	GB 20265—2019	行走测试：走完 100 槽长后水透入的总面积不应超过 3cm²。 机器测试：80min 后水透入的总面积不应超过 3cm²
	YY/T 1633—2019	抗渗水性：材料的静水压≥1.67kPa（17cmH₂O）
欧盟	EN ISO 20345：2011 EN ISO 20346：2014 EN ISO 20347：2012	行走测试：走完 100 槽长后水透入的总面积不应超过 3cm²。 机器测试：80min 后水透入的总面积不应超过 3cm²

表 7-8-2　防化学品鞋靴标准指标比对——防漏性

国家 / 地区	标准号	防漏性
中国	GB 21148—2007 GB 21147—2007 GB 21146—2007	10kPa±1kPa 下应没有空气泄漏； 测试方法：GB/T 20991—2007
	GB 20265—2019	10kPa±1kPa 下应没有空气泄漏
	YY/T 1633—2019	—
欧盟	EN ISO 20345：2011 EN ISO 20346：2014 EN ISO 20347：2012	30kPa±1kPa 下应没有空气泄漏

表 7-8-3　防化学品鞋靴标准指标比对——防滑性

国家 / 地区	标准号	防滑性	
中国	GB 21148—2007 GB 21147—2007 GB 21146—2007	无技术要求	
	GB 20265—2019	等级	摩擦系数技术要求
		瓷砖	脚跟前滑≥0.28，脚平面前滑≥0.32
		钢板	脚跟前滑≥0.13，脚平面前滑≥0.18
		瓷砖+钢板	同时满足 SRA 和 SRB
	YY/T 1633—2019	—	
欧盟	EN ISO 20345：2011 EN ISO 20346：2014 EN ISO 20347：2012	等级	摩擦系数技术要求
		SRA	脚跟前滑≥0.28，脚平面前滑≥0.32
		SRB	脚跟前滑≥0.13，脚平面前滑≥0.18
		SRC	同时满足 SRA 和 SRB

表 7-8-4　防化学品鞋靴标准指标比对——鞋帮透水性和吸水性

国家 / 地区	标准号	鞋帮透水性和吸水性
中国	GB 21148—2007 GB 21147—2007 GB 21146—2007	鞋帮测试样品的透水量不应高于 0.2g，吸水率不应高于 30% 测试方法：GB/T 20991—2007
	GB 20265—2019	鞋帮测试样品的透水量不应高于 0.2g，吸水率不应高于 30%
	YY/T 1633—2019	鞋帮表面抗湿性：沾水等级≥2 级
欧盟	EN ISO 20345：2011 EN ISO 20346：2014 EN ISO 20347：2012	鞋帮测试样品的透水量不应高于 0.2g，吸水率不应高于 30%

表7-8-5 防化学品鞋靴标准指标比对——鞋帮撕裂性能

国家/地区	标准号	鞋帮撕裂性能
中国	GB 21148—2007 GB 21147—2007 GB 21146—2007	皮革≥120N； 涂敷织物和纺织品≥60N； 测试方法：GB/T 20991—2007
	GB 20265—2019	皮革≥120N； 涂敷织物和纺织品≥60N
	YY/T 1633—2019	断裂强力≥40N
欧盟	EN ISO 20345：2011 EN ISO 20346：2014 EN ISO 20347：2012	皮革≥120N； 涂敷织物和纺织品≥60N

表7-8-6 防化学品鞋靴标准指标比对——鞋帮拉伸性能

国家/地区	标准号	鞋帮拉伸性能
中国	GB 21148—2007 GB 21147—2007 GB 21146—2007	皮革抗张强度≥15N/mm²； 橡胶扯断强力≥180N； 聚合材料100%定伸应力1.3N/mm²~4.6N/mm²； 聚合材料扯断伸长率≥250%； 测试方法：GB/T 20991—2007
	GB 20265—2019	皮革抗张强度≥15N/mm²； 橡胶扯断强力≥180N； 聚合材料100%定伸应力1.3N/mm²~4.6N/mm²； 聚合材料扯断伸长率≥250%
	YY/T 1633—2019	材料断裂强力≥40N； 材料断裂伸长率≥15%
欧盟	EN ISO 20345：2011 EN ISO 20346：2014 EN ISO 20347：2012	皮革抗张强度≥15N/mm²； 橡胶扯断强力≥180N； 聚合材料100%定伸应力1.3N/mm²~4.6N/mm²； 聚合材料扯断伸长率≥250%

表 7-8-7　防化学品鞋靴标准指标比对——抗化学品性能

国家/地区	标准号	抗化学品性能			
中国	GB 21148—2007 GB 21147—2007 GB 21146—2007	无单独的技术要求			
	GB 20265—2019	接触时间分类	抗化学品 分类或分级要求	化学品 测试方法	鞋种类
		降解级	18 种化学品 至少选 2 种	降解 24h	不分类
		渗透级	18 种化学品 至少选 3 种	降解 24h+ 渗透	不分类
欧盟	EN 13832-1：2018 EN 13832-2：2018 EN 13832-3：2018	有限时间 接触类	20 种化学品 至少选 2 种	泼溅 + 降解 8h	不分类
		长时间 接触类	20 种化学品 至少选 3 种	降解 24h+ 渗透	仅 Ⅱ 类鞋

第九节　基础纺织材料

针对医疗物资基础纺织材料，专家组收集、汇总并比对了中国与欧盟标准共 54 项，其中：中国标准 34 项，欧盟标准 20 项。具体比对分析情况如下：

在基础通用标准方面，中国制定了《纺织品　非织造布　术语》（GB/T 5709—1997）和《非织造布　疵点的描述　术语》（FZ/T 01153—2019）2 项标准；欧盟制定了《非织造布　术语》（EN ISO 9092：2019）1 项标准。中欧标准均转化自国际标准《非织造布　术语》（ISO 9092）。

在基础纺织材料产品标准方面，中国制定了《熔喷法非织造布》（FZ/T 64078—2019）、《纺粘热轧法非织造布》（FZ/T 64033—2014）、《纺粘/熔喷/纺粘（SMS）法非织造布》（FZ/T 64034—2014）；为规范手术衣、隔离衣基础材料，中国制定了《纺织品　隔离衣用非织造布》（GB/T 38462—2020）、《纺织品　手术防护用非织造布》（GB/T 38014—2019）、《手术衣用机织物》（FZ/T 64054—2015）3 项标准。未检索到欧盟有非织造布相关产品标准。

在基础纺织材料方法标准方面，中国标准 26 项，欧盟标准 19 项，详见表 7-9-1。

表 7-9-1　中欧基础纺织材料方法标准比对

中国			欧盟		
标准号	标准名称		标准号	标准名称	
GB/T 24218.1—2009（ISO 9073-01：1989）	纺织品　非织造布质量的测定	第 1 部分：单位面积	EN 29073-1：1992	纺织品　非织造布积质量的测定	第 1 部分：单位面
GB/T 24218.2—2009（ISO 9073-02：1995）	纺织品　非织造布试验方法厚度的测定	第 2 部分：厚度的测	EN ISO 9073-2：1996	纺织品　非织造布试验方法测定	第 2 部分：厚度的
GB/T 24218.3—2010（ISO 9073-03：1989）	纺织品　非织造布试验方法和断裂伸长率的测定	第 3 部分：断裂强力	EN 29073-3：1992	纺织品　非织造布试验方法力和断裂伸长率的测定	第 3 部分：断裂强
GB/T 24218.5—2016（ISO 9073-05：2008）	纺织品　非织造布试验方法透性的测定（钢球顶破法）	第 5 部分：耐机械穿	EN ISO 9073-5：2008	纺织品　非织造布试验方法穿透性的测定（钢球顶破法）	第 5 部分：耐机械
GB/T 24218.6—2010（ISO 9073-06：2000）	纺织品　非织造布试验方法测定	第 6 部分：吸收性的	EN ISO 9073-6：2003	纺织品　非织造布试验方法的测定	第 6 部分：吸收性
GB/T 24218.8—2010（ISO 9073-08：1995）	纺织品　非织造布试验方法时间的测定（模拟尿液）	第 8 部分：液体穿透	EN ISO 9073-8：1998	纺织品　非织造布试验方法透时间的测定（模拟尿液）	第 8 部分：液体穿
GB/T 24218.10—2016（ISO 9073-10：2003）	纺织品　非织造布试验方法絮的测定	第 10 部分：干态落	EN ISO 9073-10：2004	纺织品　非织造布试验方法落絮的测定	第 10 部分：干态
GB/T 24218.11—2012（ISO 9073-11：2002）	纺织品　非织造布试验方法的测定	第 11 部分：溢流量	EN ISO 9073-11：2004	纺织品　非织造布试验方法量的测定	第 11 部分：溢流
GB/T 24218.12—2012（ISO 9073-12：2002）	纺织品　非织造布试验方法收性的测定	第 12 部分：受压吸	EN ISO 9073-12：2004	纺织品　非织造布试验方法吸收性的测定	第 12 部分：受压
GB/T 24218.13—2010（ISO 9073-13：2006）	纺织品　非织造布试验方法次穿透时间的测定	第 13 部分：液体多	EN ISO 9073-13：2007	纺织品　非织造布试验方法多次穿透时间的测定	第 13 部分：液体

续表

中国			欧盟		
标准号	标准名称		标准号	标准名称	
GB/T 24218.14—2010 （ISO 9073-14：2006）	纺织品 非织造布试验方法 第 14 部分：包覆材料返湿量的测定		EN ISO 9073-14：2007	纺织品 非织造布试验方法 第 14 部分：包覆材料返湿量的测定	
GB/T 24218.15—2018 （ISO 9073-15：2007）	纺织品 非织造布试验方法 第 15 部分：透气性的测定		EN ISO 9073-15：2008	纺织品 非织造布试验方法 第 15 部分：透气性的测定	
GB/T 24218.16—2017 （ISO 9073-16：2007）	纺织品 非织造布试验方法 第 16 部分：抗渗水性的测定（静水压法）		EN ISO 9073-16：2008	纺织品 非织造布试验方法 第 16 部分：抗渗水性的测定（静水压法）	
GB/T 24218.17—2017 （ISO 9073-17：2008）	纺织品 非织造布试验方法 第 17 部分：抗渗水性的测定（喷淋冲击法）		EN ISO 9073-17：2008	纺织品 非织造布试验方法 第 17 部分：抗渗水性的测定（喷淋冲击法）	
GB/T 24218.18—2014 （ISO 9073-18：2007）	纺织品 非织造布试验方法 第 18 部分：断裂强力和断裂伸长率的测定（抓样法）		EN ISO 9073-18：2008	纺织品 非织造布试验方法 第 18 部分：断裂强力和断裂伸长率的测定（抓样法）	
GB/T 24218.101—2010	纺织品 非织造布试验方法 第 101 部分：抗生理盐水性能的测定（梅森瓶法）		—		
GB/T 3917.3—2009 （ISO 9073-04：1989）	纺织品 织物撕破性能 第 3 部分：梯形试样撕破强力的测定		EN ISO 9073-4：1997	纺织品 非织造布试验方法 第 4 部分：撕破性能的测定	
GB/T 18318.1—2009 （ISO 9073-07：1995）	纺织品 弯曲性能的测定 第 1 部分：斜面法		EN ISO 9073-7：1998	纺织品 非织造布试验方法 第 7 部分：弯曲长度的测定	
GB/T 23329—2009 （ISO 9073-09：2008）	纺织品 织物悬垂性的测定		EN ISO 9073-9：2008	纺织品 非织造布试验方法 第 9 部分：悬垂性能的测定	
GB/T 38413—2019	纺织品 细颗粒物过滤性能试验方法		EN 13274-7：2002	呼吸防护装置 试验方法 第 7 部分：细颗粒物过滤能的测定	

中国		欧盟	
标准号	标准名称	标准号	标准名称
YY/T 0689—2008	血液和体液防护装备 防护服材料抗血液传播病原体穿透性能测试 Phi-X174 噬菌体试验方法	—	—
YY/T 0691—2008	传染性病原体防护装备 医用面罩防合成血穿透性试验方法（固定体积、水平喷射）	—	—
YY/T 0699—2008	液态化学品防护装备 防护服材料抗加压液体穿透性能测试方法	EN ISO 6530：2005	防护服 对液态化学制品的防护材料抗液体渗透性的试验方法
YY/T 0700—2008	血液和体液防护装备 防护服材料抗血液和体液穿透性能测试 合成血试验方法	—	—
YY/T 1425—2016	防护服材料抗注射针穿刺性能标准试验方法	—	—
YY/T 1497—2016	医用防护口罩材料病毒过滤效率测试评价方法	—	—
YY/T 1632—2018	医用防护服材料的阻水性：冲击穿透测试方法	EN ISO 9073-17：2008	纺织品 非织造布试验方法 第 17 部分：抗渗水性的测定（喷淋冲击法）

第八章 中国与巴西相关标准比对分析

第一节 口罩

专家组收集、汇总并比对了中国与巴西口罩标准共 9 项，其中：中国标准 5 项，巴西标准 4 项。具体比对分析情况如下。

一、医用口罩

我国医用外科口罩执行《医用外科口罩》（YY 0469—2011），主要是在手术室或其他类似医疗环境使用，重点是阻隔可能飞溅的血液、体液穿过口罩污染佩戴者；一次性使用医用口罩执行《一次性使用医用口罩》（YY/T 0969—2013），使用场景是在普通医疗环境中佩戴，用于阻隔口腔和鼻腔呼出或喷出污染物。巴西外科口罩标准执行《牙科医疗医院用无纺布制品 外科口罩要求》（ABNT NBR 15052：2004），关键技术指标比对情况详见表 8-1-1 ～ 表 8-1-4。

二、防护口罩

我国针对医用防护、颗粒物防护和民用防护制定了《医用防护口罩技术要求》（GB 19083—2010）、《呼吸防护 自吸过滤式防颗粒物呼吸器》（GB 2626—2019）和《日常防护型口罩技术规范》（GB/T 32610—2016）；巴西执行《呼吸防护装备 半面罩和四分之一面罩规范》（ABNT NBR 13694：1996）、《呼吸防护装备 自吸过滤式防颗粒物半面罩规范》（ABNT NBR 13698：2011）和《呼吸防护装备 全面罩规范》（ABNT NBR 13695：1996）。关键技术指标比对分析情况详见表 8-1-5 ～ 表 8-1-7。

表 8-1-1　医用口罩中巴标准比对——过滤效率

国家	标准号	过滤效率	
中国	YY 0469—2011	细菌和非油性颗粒物	颗粒过滤效率≥30%（30L/min），细菌过滤效率≥95%（28.3L/min）
	YY/T 0969—2013		细菌过滤效率≥95%（28.3L/min）
巴西	ABNT NBR 15052：2004	细菌和颗粒过滤效率	颗粒过滤效率≥98%
			细菌过滤效率>95%

表 8-1-2　医用口罩中巴标准比对——压力差

国家	标准号	压力差（8L/min）
中国	YY 0469—2011	≤49Pa
	YY/T 0969—2013	≤49Pa
巴西	ABNT NBR 15052：2004	≤4mmH$_2$O（约 39.2Pa）

表 8-1-3　医用口罩中巴标准比对——抗合成血

国家	标准号	抗合成血
中国	YY 0469—2011	2mL 合成血液 16kPa 下不穿透
	YY/T 0969—2013	—
巴西	ABNT NBR 15052：2004	普通级：无要求；最高级：120mmHg（16kPa）

表 8-1-4　医用口罩中巴标准比对——微生物指标/生物学评价

国家	标准号	微生物	细胞毒性	皮肤刺激性	迟发型超敏反应
中国	YY 0469—2011	细菌菌落≤100CFU/g；大肠菌群、绿脓杆菌、金黄色葡萄球菌、溶血性链球菌和真菌不得检出	细胞毒性不大于2级	原发刺激记分不大于0.4	无致敏反应
	YY/T 0969—2013	细菌菌落≤100CFU/g；大肠菌群、绿脓杆菌、金黄色葡萄球菌、溶血性链球菌和真菌不得检出	细胞毒性不大于2级	原发刺激记分不大于0.4	迟发性超敏反应不大于1级
巴西	ABNT NBR 15052：2004	—	—	根据 ABNT NBR 14673 标准进行试验时，外科口罩必须呈现出非刺激性结果	—

表 8-1-5 防护口罩中巴标准比对——过滤性能

国家	标准号		过滤效率			测试流量	加载与否
中国	GB 19083—2010	非油性颗粒物	1 级 ≥95%	2 级 ≥99%	3 级 ≥99.97%	85L/min	否
中国	GB 2626—2019	KN 非油性颗粒物	KN90 ≥90%	KN95 ≥95%	KN100 ≥99.97%	85L/min	是
中国	GB 2626—2019	KP 油性颗粒物	KP90 ≥90%	KP95 ≥95%	KP100 ≥99.97%	85L/min	是
中国	GB/T 32610—2016	油性和非油性颗粒物	III 级：盐性≥90%；油性≥80%	II 级：盐性≥95%；油性≥95%	I 级：盐性≥99%；油性≥99%	85L/min	是
巴西	ABNT NBR 13698：2011	油性和非油性颗粒物	PFF1 ≥80%	PFF2 ≥94%	PFF3 ≥99%	95L/min	是

表 8-1-6 防护口罩中巴标准比对——呼吸阻力

国家	标准号	吸气阻力	呼气阻力
中国	GB 19083—2010	吸气阻力≤343.2Pa（85L/min）	—
中国	GB 2626—2019	随弃式面罩（无呼气阀），85L/min：KN90/KP90 ≤170Pa；KN95/KP95 ≤210Pa；KN100/KP100 ≤250Pa	随弃式面罩（无呼气阀），85 L/min：KN90/KP90 ≤170Pa；KN95/KP95 ≤210Pa；KN100/KP100 ≤250Pa
中国	GB 2626—2019	随弃式面罩（有呼气阀），85L/min：KN90/KP90 ≤210Pa；KN95/KP95 ≤250Pa；KN100/KP100 ≤300Pa	随弃式面罩（有呼气阀），85L/min：≤150Pa
中国	GB 2626—2019	可更换半面罩和全面罩，85L/min：KN90/KP90 ≤250Pa；KN95/KP95 ≤300Pa；KN100/KP100 ≤350Pa	可更换半面罩和全面罩，85L/min：≤150Pa
中国	GB/T 32610—2016	吸气≤175Pa，85L/min；	呼气≤145Pa，85L/min

续表

国家	标准号	吸气阻力 半面罩	吸气阻力 全面罩（仅对罩体）	呼气阻力 半面罩	呼气阻力 全面罩（仅对罩体）
巴西	ABNT NBR 13698：2011	30L/min：PFF1 ≤60Pa，PFF2 ≤70Pa，PFF3 ≤100Pa	≤50Pa	160L/min：≤300Pa	≤250Pa
	ABNT NBR 13695：1996	95L/min：PFF1 ≤210Pa，PFF2 ≤240Pa，PFF3 ≤300Pa	≤130Pa	呼吸机测试（25次/min和2L/次）：≤300Pa	≤250Pa

表8-1-7　防护口罩中巴标准比对——泄漏率/防护效果

国家	标准号	泄漏率/防护效果				
中国	GB 19083—2010	用总适合因数进行评价。选10名受试者，作6个规定动作，应至少有8名受试者总适合因数≥100				
	GB 2626—2019	泄漏率	50个动作至少有46个动作的泄漏率（每个动作）			10个受试者至少有8个人的泄漏率
			随弃式	可更换式半面罩	全面罩	随弃式 / 可更换式半面罩
		KN90/KP90	<13%	<5%	<0.05%	<10% / <2%
		KN95/KP95	<11%	<5%	<0.05%	<8% / <2%
		KN100/KP100	<5%	<5%	<0.05%	<2% / <2%
	GB/T 32610—2016	头模测试防护效果：A级：≥90%；B级：≥85%；C级：≥75%；D级：≥65%				
巴西	ABNT NBR 13694：1996 / ABNT NBR 13695：1996	总泄漏率（半面罩）	50个动作至少有46个动作的泄漏率		10个受试者至少有8个人的泄漏率平均值	
		PFF1	≤20%		≤17%	
		PFF2	≤10%		≤7%	
		PFF3	≤5%		≤2%	
		总泄漏率（全面罩）	在任何一项测试动作中，10个受试者中任何一个的平均总泄漏率 ≤0.1%			

第二节 医用手套

专家组收集、汇总并比对了中国与巴西医用手套标准6项，其中：中国标准3项，巴西标准3项。具体比对分析情况如下。

一、一次性使用医用橡胶检查手套

中国执行《一次性使用医用橡胶检查手套》（GB 10213—2006），巴西执行《一次性使用医用检查手套规范 第1部分：乳胶或橡胶溶液制成的手套》（ABNT NBR ISO 11193.1：2015），两国均等同采用国际标准 ISO 11193-1，巴西采用 2012 年版，中国采用 2002 年版。两国标准除物理性能与尺寸要求外，其他指标要求均一致，相关技术指标要求比对情况详见表 8-2-1 ~ 表 8-2-2。

二、一次性使用灭菌橡胶外科手套

中国执行《一次性使用灭菌橡胶外科手套》（GB 7543—2006），巴西执行《外科手套规范》（ABNT NBR 13391：1995），相关技术指标要求比对情况详见表 8-2-3 ~ 表 8-2-6。

三、一次性使用聚氯乙烯医用检查手套

中国执行《一次性使用聚氯乙烯医用检查手套》（GB 24786—2009），巴西执行《一次性使用医用检查手套规范 第2部分：聚氯乙烯手套》（ABNT NBR ISO 11193.2：2013）。中国修改采用 ISO 11193-2：2006，巴西等同采用 ISO 11193-2：2006。两国标准除物理性能要求外，其他指标要求均一致，相关技术指标要求比对情况详见表 8-2-7。

表 8-2-1　一次性使用医用橡胶检查手套中巴标准比对——物理性能

国家	标准号	物理性能要求
中国	GB 10213—2006	老化前扯断力：≥7.0N； 老化前拉断伸长率：1类≥650%；2类≥500%； 老化后扯断力：1类≥6.0N；2类≥7.0N； 老化后拉断伸长率：1类≥500%；2类≥400%； 老化条件：70℃ ±2℃，168h ±2h
巴西	ABNT NBR ISO 11193.1：2015	老化前扯断力：≥7.0N； 老化前拉断伸长率：1类≥650%；2类≥500%； 老化后扯断力：≥6.0N； 老化后拉断伸长率：1类≥500%；2类≥400%； 老化条件：70℃ ±2℃，168h ±2h

表 8-2-2　一次性使用医用橡胶检查手套中巴标准比对——尺寸与公差

国家	标准号	尺寸代码	标称尺寸	标称宽度（尺寸 w）/mm	宽度（尺寸 w）/mm	最小长度（尺寸 l）/mm	最小厚度（手指位置测量）/mm	最大厚度（大约在手掌的中心）/mm
中国	GB 10213—2006	6 及以下	特小（XS）	—	≤80	220	对所有尺寸：光面：0.08；麻面：0.11	对所有尺寸：光面：2.00；麻面：2.03
		6.5	小（S）	—	80±5	220		
		7	中（M）	—	85±5	230		
		7.5	中（M）	—	95±5	230		
		8	大（L）	—	100±5	230		
		8.5	大（L）	—	110±5	230		
		9 及以上	特大（XL）	—	≥110	230		
巴西	ABNT NBR ISO 11193.1：2015	6 及以下	特小（XS）	≤82	≤80	220	对所有尺寸：光面：0.08；麻面：0.11	对所有尺寸：光面：2.00；麻面：2.03
		6.5	小（S）	83±5	80±5	220		
		7	中（M）	89±5	95±5	230		
		7.5	中（M）	95±5	95±5	230		
		8	大（L）	102±6	110±5	230		
		8.5	大（L）	109±6	110±5	230		
		9 及以上	特大（XL）	≥110	≥110	230		

表 8-2-3　一次性使用灭菌橡胶外科手套中巴标准比对——材料

国家	标准号	材料
中国	GB 7543—2006	配合橡胶：天然橡胶、丁腈橡胶、氯丁橡胶、丁苯橡胶、异戊橡胶、热塑性弹性体溶液。为便于穿戴，可使用符合 ISO 10993 要求的润滑剂。粉末或聚合物涂覆物进行表面处理。使用的任何颜料应为无毒。用于表面处理的可迁移物质应是可生物吸收的。提供给用户的手套应符合 ISO 10993 相关部分的要求。必要时制造使购买者易于获得符合这些要求的资料
巴西	ABNT NBR 13391：1995	任何符合本标准要求的配合橡胶制造的手套。如果润滑手套，则在正常使用条件下，必须使用无毒的生物可吸收粉末，该粉末不会对生物体造成任何损害。可以使用其他的已证实其安全性和有效性的润滑剂。橡胶外科手套内外表面应无滑石粉

表 8-2-4 一次性使用灭菌橡胶外科手套中巴标准比对——尺寸与公差

国家	标准号	尺寸代码	标称尺寸	宽度（尺寸 w）/mm	最小长度（尺寸 l）/mm	最小厚度（手指位置测量）/mm	最大厚度（大约在手掌的中心）/mm
中国	GB 7543—2006	6 及以下	特小（XS）	≤80	220	对所有尺寸： 光面：0.08； 麻面：0.11	对所有尺寸： 光面：2.00； 麻面：2.03
		6.5	小（S）	80±5	220		
		7	中（M）	85±5	230		
		7.5	中（M）	95±5	230		
		8	大（L）	100±5	230		
		8.5	大（L）	110±5	230		
		9 及以上	特大（XL）	≥110	230		
巴西	ABNT NBR 13391：1995	6	—	70±6	265	对所有尺寸： 0.10	—
		6.5	—	76±6			
		7	—	83±6			
		7.5	—	89±6			
		8	—	95±6			
		8.5	—	102±6			
		9	—	108±6			

表 8-2-5　一次性使用灭菌橡胶外科手套中巴标准比对——物理性能

国家	标准号	物理性能要求
中国	GB 7543—2006	老化前扯断力：1 类≥12.5N；2 类≥9N； 老化前拉断伸长率：1 类≥700%；2 类≥600%； 老化前 300% 定伸负荷：1 类≤2.0N；1 类≤3.0N； 老化后扯断力：1 类≥9.5N；2 类≥9.0N； 老化后拉断伸长率：1 类≥550%；2 类≥500%； 老化条件：70℃ ±2℃，168h ± 2h
巴西	ABNT NBR 13391：1995	老化前拉伸强度：1 类≥24MPa；2 类≥17MPa； 老化前拉断伸长率：1 类≥750%；2 类≥650%； 老化前 500% 定伸强度：1 类≤5.5MPa；1 类≤7.0MPa； 老化后拉伸强度：1 类≥18MPa；2 类≥12MPa； 老化后拉断伸长率：1 类≥560%；2 类≥490%； 老化条件：A：70℃ ±2℃，166h ± 2h；B：100℃ ±2℃，22h ± 0.3h

表 8-2-6　一次性使用灭菌橡胶外科手套中巴标准比对——检查水平和接收质量限（AQL）

国家	标准号	物理尺寸	不透水性（孔）	扯断力和拉断伸长率 300% 定伸（老化前）
中国	GB 7543—2006	检查水平：S-2；AQL：4.0	检查水平：G-1；AQL：1.5	检查水平：S-2；AQL：4.0
巴西	ABNT NBR 13391：1995	检查水平：S-2；AQL：4.0	检查水平：S-4；AQL：0.65	检查水平：S-2；AQL：4.0

表 8-2-7　一次性使用聚氯乙烯医用检查手套中巴标准比对——物理性能

国家	标准号	物理性能
中国	GB 24786—2009	前扯断力：≥4.8N； 拉断伸长率：≥350%； 老化条件：70℃ ±2℃，168h ± 2h； 老化前后性能不变
巴西	ABNT NBR ISO 11193.2：2013	扯断力：≥7.0N； 拉断伸长率：≥350%； 老化条件：70℃ ±2℃，168h ± 2h； 老化前后性能不变

第三节　呼吸机

针对呼吸机产品，专家组收集、汇总并比对了中国与巴西标准共6项，其中：中国标准3项，巴西标准3项。具体比对分析情况如下。

在通用安全方面，我国现行标准《医用电气设备　第1部分：安全通用要求》（GB 9706.1—2007）和巴西标准《医用电气设备　第1部分：基本安全和基本性能的通用标准》（ABNT NBR IEC 60601-1：2010+A1：2016）均采用了国际标准IEC 60601-1，但中巴西标准采用的国际标准版本不同，中国标准等同采用IEC 60601-1：1995，巴西标准则等同采用了IEC 60601-1：2012。中国已于2020年4月发布了新版标准GB 9706.1—2020，新标准修改采用IEC 60601-1：2012。IEC 60601-1：2012和IEC 60601-1：1995之间的关键性技术指标差异详见比对表8-3-1。

在专用标准方面，中国和巴西根据不同的呼吸机分别制定了不同的专用标准。针对用于ICU重症监护室的重症护理呼吸机，中国标准为《医用电气设备　第2部分：呼吸机安全专用要求　治疗呼吸机》（GB 9706.28—2006），该标准修改采用了国际标准IEC 60601-2-12：2001。适用于此类呼吸机的巴西现行标准为《医用电气设备　第2-12部分：重症护理呼吸机的基本安全和基本性能专用要求》（ABNT NBR ISO 80601-2-12：2014），该标准等同采用ISO 80601-2-12：2011。中巴现行标准间无关键性技术指标的差异，两者的比较详见表8-3-2。另一方面，中国于2020年4月发布了新版安全专用标准《医用电器设备　第2-12部分：重症护理呼吸机的基本安全和基本性能专用要求》（GB 9706.212—2020），该标准修改采用国际标准ISO 80601-2-12：2011，将于2023年5月1日完全代替GB 9706.28—2006。

针对生命支持型家用呼吸机，中国现行有效标准为《医用呼吸机　基本安全和主要性能专用要求　第2部分：依赖呼吸机患者使用的家用呼吸机》（YY 0600.2—2007），该标准修改采用国际标准ISO 10651-2：2004，与国际标准相比较，除了气源接口选用了国际标准规定的三种规格接口中的一种外，其他内容与国际标准一致，没有关键性技术指标的修改。巴西适用于此类呼吸机的现行有效标准为《医用电气设备　第2-72部分：依赖呼吸机患者使用的家用呼吸机的基本安全和基本性能专用要求》（ABNT NBR ISO 80601-2-72：2018），该标准等同采用国际标准ISO 80601-2-72：2015。中巴标准间的比较详见表8-3-3。

表 8-3-1　呼吸机中巴安全通用标准比对

国家	标准号	标准名称	与国际标准的对应关系
中国	GB 9706.1—2007	医用电气设备　第 1 部分：安全通用标准	IEC 60601-1：1995，IDT
巴西	ABNT NBR IEC 60601-1：2010+A1：2016	医用电气设备　第 1 部分：基本安全和基本性能的通用标准	IEC 60601-1：2012，IDT
差异分析	1. 中巴标准与国际标准对应关系： ——中国标准 GB 9706.1—2007 等同采用国际标准 IEC 60601-1：1995。 注：2020 年 4 月 9 日，中国发布新版呼吸机安全通用标准 GB 9706.1-2020，新标准修改采用国际标准 IEC 60601-1：2012，与国际标准相比较，没有关键性技术指标的修改。 ——巴西标准 ABNT NBR IEC 60601-1：2010+A1：2016 等同采用国际标准 IEC 60601-1：2012。 2. 国际标准各版本间比较： ——IEC 60601-1：2012 取消并代替了 IEC 60601-1：2005，而 IEC 60601-1：2005 取消并代替 IEC 60601-1：1995。 ——相对于 IEC 60601-1：1995，IEC 60601-1：2005 主要作了如下技术内容的修改： 　增加了对基本性能识别的要求； 　增加了机械安全的相关要求； 　区分了对操作者的防护和患者防护不同的要求； 　增加了防火的要求。 ——IEC 60601-1：2012 与 IEC 60601-1：2005 之间无关键性技术指标的变化		

表 8-3-2　用于 ICU 重症监护室的呼吸机中巴专用标准比对

国家	标准号	标准名称	与国际标准的对应关系
中国	GB 9706.28-2006	医用电气设备　第 2 部分：呼吸机安全专用要求　治疗呼吸机	IEC 60601-2-12：2001，MOD
巴西	ABNT NBR ISO 80601-2-12：2014	医用电气设备　第 2-12 部分：呼吸机安全专用要求　治疗呼吸机	ISO 80601-2-12：2011，IDT
差异分析	1. 中巴标准与国际标准对应关系： ——中国标准 GB 9706.28—2006 修改采用国际标准 IEC 60601-2-12：2001，与国际标准相比较，没有关键性技术指标的修改。 注：2020 年 4 月 9 日，中国发布新版呼吸机专用标准 GB 9706.212—2020，新标准修改采用国际标准 ISO 80601-2-12：2011，与国际标准相比较，没有关键性技术指标的修改。 ——巴西标准 ABNT NBR ISO 80601-2-12：2014 等同采用国际标准 ISO 80601-2-12：2011。 2. 国际标准各版本间比较： ——ISO 80601-2-12：2011 取消并代替了 IEC 60601-2-12：2001。 ——相对于 IEC 60601-2-12：2001，ISO 80601-2-12：2011 主要作了如下技术内容的修改： 　修改了适用范围，涵盖了可能影响呼吸机基本安全和基本性能的附件； 　修改了呼气支路阻塞（持续气道压力）报警状态的要求； 　进一步增加了通气性能测试要求； 　增加了机械强度（防冲击和振动）测试要求； 　增加了外壳防水要求		

表 8-3-3 生命支持型家用呼吸机中巴专用标准比对

国家	标准号	标准名称	与国际标准的对应关系
中国	YY 0600.2—2007	医用呼吸机 基本安全和主要性能专用要求 第 3 部分：依赖呼吸机患者使用的家用呼吸机	ISO 10651-2：2004，MOD
巴西	ABNT NBR ISO 80601-2-72：2018	医用电气设备 第 2-72 部分：依赖呼吸机患者使用的家用呼吸机的基本安全和基本性能专用要求	ISO 80601-2-72：2015，IDT
差异分析	1. 中巴标准与国际标准对应关系： ——中国标准修改采用国际标准 ISO 10651-2：2004，与国际标准相比较，除了气源接口选用了国际标准规定的三种中的一种外，其他内容与国际标准一致，没有关键性技术指标的修改。 ——巴西标准 ABNT NBR ISO 80601-2-72：2018 等同采用国际标准 ISO 80601-2-72：2015。 2. 国际标准各版本间比较： ——ISO 80601-2-72：2015 取消并代替了 ISO 10651-2：2004。 ——相对于 ISO 10651-2：2004，ISO 80601-2-72：2015 主要作了如下技术内容的修改： 范围扩大到包括呼吸机及其附件； 规定了呼吸机及其附件的基本性能； 修改了呼气支路阻塞（持续气道压力）的报警状态要求； 增加了通气性能测试； 增加了机械强度测试； 使用了全新的符号； 增加了呼吸机作为医用电气系统组件的要求； 增加了外壳完整性测试要求； 增加了清洗与消毒程序测试要求； 考虑了经气路向患者输送呼吸用气体时存在的污染可能。 ——相对于 ISO 10651-2：2004，ISO 80601-2-72：2015 要求更高		